骆驼被称为沙漠之舟，是沙漠中为数不多的大型哺乳动物。骆驼最为奇特的是身上的两个驼峰，传说这是它们自带的水箱。实际上，驼峰里装的并不是水，而是脂肪。

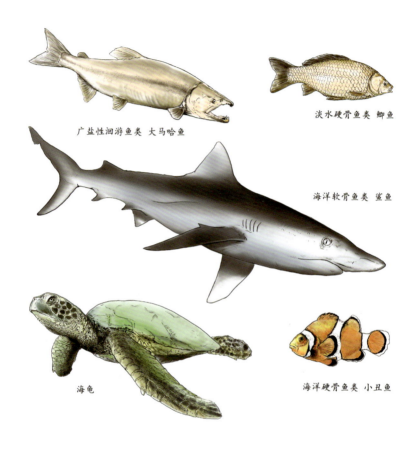

广盐性洄游鱼类 大马哈鱼

淡水硬骨鱼类 鲫鱼

海洋软骨鱼类 鲨鱼

海龟

海洋硬骨鱼类 小丑鱼

水生动物也会缺水吗？如果一个水生动物的体液（主要是血液）浓度小于外界水环境的浓度，那么水就会从它体内流向周围的水环境，那么它就会缺水了。所以动物要想获得水不止是张嘴喝水那么简单。

　　与低纬度的同种植物相比，生长于高海拔地区的花儿普遍开得更久更艳丽。这是因为很多高山花儿靠昆虫传粉。在高山环境中，熊蜂和蝇类成为了主要的传粉昆虫。

# 大嚼科学

## 在家孵鸟蛋指南

陈婷/著

生态卷

明天出版社

## 第1章

### 住啥地儿，长啥样

目录

[骆驼的驼峰里真的是水吗 /2]

[开灯睡觉真的会长不高吗 /8]

[水生动物也会缺水吗 /14]

[花儿为什么这样红 /21]

[我有我选择 /28]

[别让小鸡快跑 /35]

["飞蛾扑火"只是美丽的误会 /41]

[动物为什么不是体形越大越好 /46]

## 第2章

### 友邻决定你是谁

[在家孵鸟蛋指南 /54]

[排排坐，吃果果 /61]

[花儿和它们的"护花使者" /67]

[霸道的青霉素 /74]

[生物入侵为什么那么可怕 /80]

["不劳而获"的寄生生物 /86]

[植物的反抗 /92]

[父母和孩子一定相互认识吗 /99]

[小龙虾的钳子不仅肉多,更会打架 /105]

[物种是什么 /111]

## 第3章

### 为生存而战

[孤独患者 /120]

[吃与被吃,"道高一尺,魔高一丈" /126]

[鲸鱼为什么要自杀 /131]

[白鳍豚究竟灭绝了没 /137]

[超生还是优生,是个问题 /143]

[科幻小说中把冷冻人复活可以实现吗 /149]

[便便趣闻 /156]

# 第4章

## 共住同一屋檐下

[ 野火烧不尽，春风吹又生 /164]

[ 人类位于食物链的顶端吗 /169]

[ 热也是一种污染吗 /175]

[ 高尔夫球场是绿色荒漠吗 /181]

[ 我的世界没有光明 /186]

[ 个体？群体？傻傻分不清楚 /192]

[ 盖亚假说——地球是活的 /198]

[ 关于碳的这些名词你都了解吗 /205]

[ 沙漠的侵略 /211]

[ 生态学家偏爱岛屿 /217]

第 1 章

# 住啥地儿，长啥样

# 骆驼的驼峰里真的是水吗

骆驼被称为沙漠之舟,它们是沙漠中为数不多的大型哺乳动物。骆驼最为奇特的是身上的两个驼峰(也有一个驼峰的),传说那是它们自带的水箱。当然这只是一个比喻,实际上,驼峰里装的并不是水,而是脂肪。有人可能会问了,胖子不是怕热吗?为什么它要带那么多脂肪?这是因为脂肪在分解的过程中能产生大量的水,1克脂肪氧化可产生1.07克水。不过,我们本篇关注的不止是驼峰里的脂肪,骆驼对于沙漠干旱高温环境的适应技能可不止这一个哦!

### 技能一——多喝水

有人可能会不以为然,这算哪门子技能啊!但是骆驼绝对不是一般地能喝水,双峰驼一次能喝60升~80升水。它们能充分利用食物中的水,骆驼在早上吃有露水的植物嫩枝叶或者多汁的植物来获得水分。

说到这里，先告诉大家两个在沙漠中取水的技巧。其中之一就是，在相对潮湿的地面挖个小坑，坑面上铺一层塑料布，

布中间放一颗小石子或其他重物,让塑料布中间下陷,成一个漏斗状,然后在坑里、小石子的正下方放一个杯子,一段时间之后就能有许多水蒸气接触到塑料布后冷凝成水沿着塑料布滴到杯子里。另外一种方法就是像骆驼一样,收集早晨的露水或者吃多汁的植物,如仙人掌、寄生在梭梭根部的肉苁蓉。当然,使用这种方法的前提是要有一定的植物知识,吃错可就不好了,很多植物可是有致命毒性的!而且肉苁蓉可是濒危植物,想找到它也不那么容易。

我们回到正题,需要再澄清一个关于骆驼储水的知识点。长期以来,人们认为骆驼的瘤胃和网胃(骆驼有三个胃)内壁的许多小囊——水脬能储存水,但实际上经解剖发现其中并没有水,而是有许多腺体,所以水脬并不是贮水的,而是参与消化的。

## 技能二——少撒尿

骆驼能摄入这么多水,还得保证在这干旱高温的环境中不损失大量水分,少撒尿只是一个方面。少撒尿,并没有听上去那么简单,骆驼在极度缺水的情况下,其肾脏仍可以正常工作而不排尿,它可以尽可能地浓缩其尿液而不让大量水分随尿液排出体外。通常,我们的尿液中含有大量的水,因为尿素有毒,需要水来稀释减少其毒性,再以尿液的形式排出体外。而骆驼是一种反刍动物,它的瘤胃和网胃中生活着大量的微生物,这些微生物能够利用尿素分解成氨并进一步吸收利用合成蛋白质，不仅能够让骆驼不因尿素而中毒，而且可以让骆驼能充分利用那些营养价值低的食物。除了少撒尿，骆驼还有许多方法来减少水分的丧失。首先，骆驼的体温能上升到40℃，如果我们人类体温上升到40℃，绝对就是高烧了，而骆驼主动把体温升高以减少与环境温度的差值，从而减少出汗以及从环境中吸热。再次，骆驼有个大鼻子，鼻腔黏膜的面积达1000平方厘米，吸气时，黏膜渗出水分把空气润湿，而呼气时，则能把空气中68%的水分回收，真是一点水都不放过啊。我自己就有这样的体验，如果到一个很干燥的环境中，鼻子很容易出血，这是因为吸入的空气缺乏水分而导致鼻黏膜干燥，鼻黏膜上的毛细血管就很容易破裂，真希望能有骆驼这样的神奇能力！

## 技能三——超级耐渴、耐饿

曾经有人做过这样的实验，双峰驼在不喝水不吃东西的情况下，活了56天～70天；只喝水不吃东西的情况下，活了78天！这在我们人类看来，简直就是不可思议的，人三天不喝水就会渴死。骆驼耐渴的秘诀除了上述两点之外，其特殊的细胞构造也是原因之一。

对于大多数哺乳动物来说，失水就意味着血液的浓缩，血液变得黏稠就会增加心脏的负担。当动物失去的水量达到体重的20%时，血流速度就会减慢到很难将代谢过程产生的热量及时从各组织中带出来，动物很快就会被热死。而骆驼的秘诀在于，即使失水，血液也不会大量失水。若骆驼失水25%，其血量也只减少10%。而骆驼耐饿的秘诀在于消化好而消耗少，上面已经提到骆驼甚至能够利用尿素合成蛋白质，并且骆驼吃许多苦、咸、辣甚至多刺的灌木，这是许多其他家畜如牛羊驴马等望而却步的食物。曾有实验证明，小骆驼和小牛犊喂以同样的草料后，骆驼的消化率为62.7%，牛犊的消化率为42.2%。在静止状态，骆驼每小时消耗的能量为马的62%，沙漠中骆驼每走1千米消耗的能量是同体重马的1/3。

## 技能四——沙漠之舟的造型

首先，骆驼的毛软而细，在松长的体毛下面还有一层致密厚实的绒毛，在寒冷的冬天有御寒的作用。别以为沙漠没有冬天，双峰驼基本处于北纬35°以北的沙漠地带，冬季的温度可达 $-50℃$！夏天脱毛之后，除腹部毛较短以外，其余部分包括能受到太阳直射的峰顶都保留着一层长毛。奇怪它为什么夏天还要穿着一件毛衣吧？实际上，这层长毛起着绝热的作用，白天降低了周围环境热量的传入，晚上又可以保存热量，这样也间接地降低水分的散失。

骆驼的嗅觉极好，能嗅出1.5千米以外的水源，并且能预感到大风暴的来临；骆驼有双重眼睑和长长的睫毛保护眼睛；鼻孔有可活动的瓣膜，在起风沙时能关闭，阻挡沙子进入鼻子；骆驼肉垫状的蹄子很大，适于在沙地中行走而不下陷；一般清晨和午后活动，中午最热时卧地休息，卧地时只有肘端、胸底和后膝等处的角质垫着地，其他部位则与地面保持一定的距离。

所以，骆驼能适应如此极端的沙漠环境，不仅仅是靠背上的"水箱"，而是靠一系列生理、形态及行为上的适应特征，这一个个看似孤立的适应特征在骆驼身上形成完美统一，造就了生命的奇迹。

**水没有味道啊，为什么骆驼可以嗅到水源？**

水确实没有味道，但是链霉菌能产生化学物质，是有味道的。而链霉菌只有在潮湿的地方才能生长，骆驼就是靠着链霉菌产生的气味找到水源的。

# 开灯睡觉真的会长不高吗

同学们会不会怕黑？会不会开着灯睡觉？但是，爸爸妈妈告诉我们，开着灯睡觉会长不高的，然后无情地关上了灯。

开着灯睡觉真的会长不高吗？这会不会又是一个"你再哭，就会有大灰狼来吃你"之类的谣传呢？虽然没有直接的证据表明开灯睡觉会影响长个子，但开灯睡觉确实对身体有许多其他负面影响，对不起了，那些超级怕黑的小朋友，为了你的健康，学会战胜黑暗吧！

## 昼出夜伏的人类

跟很多动物一样，我们人类是白天工作学习，晚上睡觉的（当然那些需要上夜班的人是被迫改变习惯的。如果让他们自愿选择，相信绝大多数人都不愿意晚上工作），就这样按照这个规律，日复一日，这叫作昼夜节律。像我们人类这种白天活动、夜间休息的叫作昼行性动物（虽然我们不会这么称呼自己，但这个规律是客观存在的），还有夜间活动、白天休息的叫作夜行性动物，比如猫头鹰、蝙蝠就是这样的动物。

所以白天活动、夜间睡觉是我们应遵循的规律。夜晚最显著的特点是什么呢？那就是没有光，所以睡觉就应该在没有光的黑暗中进行。当然光这样讲大道理是没有说服力的，那我们就来具体说说开灯睡觉的危害。

即使我们闭上眼睛，我们仍然能感受到光（眼皮的遮光效果没那么好的），所以如果开灯睡觉，光仍然会对我们产生影响。在我们大脑深处有一个长得像松果的"松果体"，能够分泌一种"褪黑激素"，由于最初发现它时，它能使青蛙的皮肤颜色变浅，故取名为褪黑激素。

褪黑激素有个最大的特点就是"见光死"，即黑暗可促进其分泌，而明亮的光线却抑制它的分泌，分泌量最大的时间段出现在凌晨两点至三点；不同的季节分泌量也不一样，春节下降，秋冬上升。这可能是因为各季节日照时间长短不同，春季日照时间逐渐延长，而到秋冬季，日照时间又逐渐减少。

褪黑激素还会随着年龄的变化而变化，胎儿和刚出生的婴儿夜间褪黑激素水平很低，只能通过胎盘和母乳从母亲那儿获得；2个月~3个月的婴儿褪黑激素分泌量增加到一定值时，才出现自身的生理节律；1岁~3岁的婴儿夜间褪黑激素分泌量达到一生中的最高峰，之后就会逐渐下降，青年期降至最高值的20%左右，接近成人水平。

## 褪黑激素可不止褪黑

褪黑激素有哪些作用呢？首先，褪黑激素对神经系统起到镇静和调节作用，适量的褪黑激素有诱导睡眠的作用，所以有些不怕黑的小朋友，一关上灯就会犯困，有可能是褪黑激素在起作用。

除了催人睡觉，褪黑激素可以提高免疫力。褪黑激素通过调节体内其他激素水平来改善人体各主要器官的功能，强化机体对感染的抵抗力。具体来说，就是褪黑激素能促进胸腺和脾脏（都是免疫器官）的生长，可以明显增强巨噬细胞（可以吞噬细菌或其他病原体的一种免疫细胞，人体卫士）的杀伤力；可以提高血液中白细胞（血液中能够与细菌战斗的一种细胞）

的数量和淋巴细胞（也是一种免疫细胞）的百分数。所以，开灯睡觉会使人的免疫力下降，容易生病。另外，值得一提的是，研究表明褪黑激素低于正常水平会增加癌症的发生几率；切除荷瘤动物（就是通过移植肿瘤细胞而使其得癌症的动物，唉，为了科学而牺牲的可怜动物们）的松果体，也就无法分泌褪黑激素了，这些动物长肿瘤的风险大大增加了；只要给它们补充一些的褪黑激素，就可以消除切除实验对肿瘤生长的刺激作用。所以，经常值夜班的人得癌症的几率比作息规律正常的人高。

更有意思的是，褪黑激素对性器官（性腺）的发育有抑制作用，这看起来是个缺点，但是反过来想，在不应该性腺发育的时期就开始发育也是不好的。简单来说，人的幼儿期，性腺处于静止状态，这个阶段男孩和女孩的差别并不明显，男孩没有胡子和喉结，女孩子的乳房也没有发育。这些特征都是到青春期的时候才开始出现的。这个正常的过程，主要是受褪黑激素的调节，因为人幼儿期褪黑激素水平较高，青春期则下降。但是如果幼儿期开着灯睡觉，褪黑激素分泌减少，其对性腺的抑制作用减弱，就会出现"性早熟"，这并不是一件好事。

最后，褪黑激素还有抗衰老的作用，虽然小朋友们不用担心衰老问题，但这是人类永恒的追求。衰老主要是自由基引起的，人的正常生理活动会产生自由基，正常状态下，我们身体内的自由基的产生和清楚处于动态平衡中，一旦平衡打破，自由基就会引起生物大分子如蛋白质、核酸的损伤，导致细胞结构的破坏和身体的衰老。而褪黑激素有直接清除自由基的作用，从而延缓衰老。

### 开灯睡觉的害处多

褪黑激素如此重要，而开灯睡觉会抑制它的分泌，所以开灯睡觉真是危害不小。危害还不止于此，如果睡不好，生长激素（促进除神经组织以外所有其他组织的生长，也就能促进同学们长高）的分泌量也会下降！因为睡眠状态下生长激素的分泌量会明显增加。更不用说，缺乏睡眠引起免疫力低，容易生病，也可能会影响身高的。

不仅是人开灯睡觉危害多多，城市夜晚霓虹闪烁、万家灯火，使得城市上空比乡村、森林要亮，那些生活在城市的许多动物，尤其是鸟类也会受到影响，这种现象被称为光污染。虽然夜晚有灯光，但我们知道这是夜晚，我们有窗帘，我们可以在想睡觉的时候关上灯，但是动物与人类不一样，它们分不清哪些是灯光，哪些是自然光。有光它们就以为是白天，就会在晚上表现出白天才有的行为，这些动物基本生理习性就会被打乱，如果休息不好，白天会不会就没有精力去保卫自己的领地和巢穴，没有精力去追求异性、抚育孩子呢？有实验已经证明，雄性画眉鸟夜间暴露在灯光下，两年之后，它们的生殖器官就不再生长发育了。跟人一样，夜间的灯光也会影响鸟体内褪黑激素的正常分泌，上面已经讲到褪黑激素对人体的重要作用，褪黑激素对鸟类也很重要。

城市光污染不仅对人有害，也对鸟类及其他动物有影响，这也是一个不可忽视的生态问题了。

非常问

口服褪黑激素有用吗？

有用。人工合成的褪黑激素可以用来治疗失眠或者生理节律紊乱，比如由时差导致的生理节律紊乱，以及夜班工作人员的不适症状。但是，服用褪黑激素是有副作用的，那就是困倦、胃不舒服、抑郁等。如何取舍就要听医生的建议了。

# 水生动物也会缺水吗

看到这个问题,你可能会想,它们不是生活在水里吗?张嘴就能喝水,怎么还会缺水?事情没你想得那么简单。

### 逼水流动的渗透压

说到这个问题,首先得说一下渗透压的问题。我们常说无风不起浪,我们总觉得凡是水的运动都需要外力的推动。但是,有时我们恰恰能见证奇迹时刻的发生。

拿一个U型管,中间放一个半透膜(这种膜只容许水分子通过,个头大点的溶质分子,比如说糖和蛋白质就不能通过),一侧是浓度较高的溶液,另一侧是浓度较低的溶液。通常情况下,水分子会从浓度低的一侧通过半透膜转移到浓度高的一侧。这个时候,我们可以在浓度高的一侧U形管液面上加压一个压力,恰好能阻止水的移动,这时浓溶液承受的压强就叫作渗透压了。

上面的说法是从反方向来说。我们从正方向来说，渗透压其实就是溶液中溶质微粒对水的吸引力。简单来说就是，糖水中的盐可以把白开水中的水分子拉到糖水中。这个是不是通俗易懂多了？溶液渗透压的大小取决于单位体积溶液中溶质微粒的数目。也就说，溶液的浓度越高，对水的吸引力越大，溶液渗透压也就越高。总的来说，水分子喜欢向浓浓的溶液中跑。

### 水生动物也会被泡咸菜

如果一个水生动物的体液（主要是血液）浓度小于外界水环境的浓度，那么水就会从它体内流向周围的水环境，那么它就会缺水了，我们人不能喝海水也是这个道理。所以动物要想获得水不止是张嘴喝水那么简单。反过来，如果体液浓度大于水环境的浓度，水大量从周围水环境流进来，细胞中多了很多并不需要的水，说不定会把生物"涨死"，也不好。

那么生活在水里的动物究竟如何保持不缺水或者不致"涨死"呢？

按照盐度（水中各种盐的浓度，这个盐不是指我们通常吃的食盐，而是指金属离子或铵根离子与酸根离子或非金属离子结合的一类化合物）的特征，地球上的水域可分为四类：第一类，海水水域，含盐量相当稳定，平均含盐量为3.5%，成分主要为钠和氯（所以还真是食盐）。红海由于蒸发量极大，含盐量高达 4.7%，是海水水域中盐度最高的；第二类，咸淡水水域（也称半咸水水域），包括大河流入的内陆海和靠近河口地段的海洋，其含盐度在 0.05%～1.6% 之间；第三类，淡水水域，盐度低而稳定，在 0.002%～0.05% 之间，成分主要为

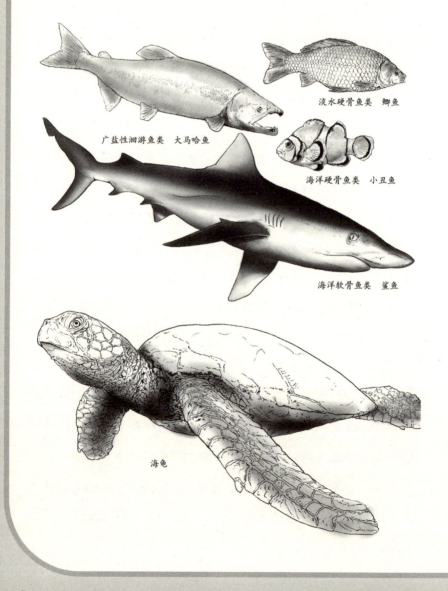

广盐性洄游鱼类　大马哈鱼

淡水硬骨鱼类　鲫鱼

海洋硬骨鱼类　小丑鱼

海洋软骨鱼类　鲨鱼

海龟

钙、镁、碳酸和硫酸盐类（烧完水后水壶里水垢的主要成分也是这个）；第四类，内陆盐湖或高盐度水域，盐湖的盐度变化范围是很大的，波动于 0.005%～34.7% 之间。有"天空之镜"美称的乌尤尼盐湖就是因为覆盖着一层白白的盐壳，表面再有一层浅浅的水，所以像镜子一样能印出天空和人的影子。

有的动物对盐度的耐受能力比较强，称为广盐性动物。最为典型的就是溯河性洄游和降海性洄游的鱼类，前者是从海里洄游到淡水江河中，后者是从淡水洄游到海里，它们所要经历的盐度变化是非常大的。我们熟悉的三文鱼就是广盐性动物的代表。还有一类动物对盐度的耐受性较低，忍受不了大的盐度波动，成为狭盐性动物。海参和海星就是典型的狭盐性动物。

## 排盐排水各有高招

当周围水环境中的盐度发生变化时，动物们采取两种不同的应对措施。一种是逆来顺受，你变我也变，体液的渗透压随着环境渗透压变化而平行变化。生物学家称这类动物为渗透压顺应者。就像变温动物，环境温度变化，它的体温也随着变化。还有一类动物处变不惊，以不变应万变，其体液的渗透压通过自身调节而保持相对稳定，正如恒温动物，通过自身调节而保持恒定的体温，生物学家称这类动物为渗透压调节者。

海洋无脊椎动物大多是"你变我也变"逆来顺受者，它们体液的渗透压与周围的海水相同,而海水的含盐量一般较稳定,它们也不会面临缺水或"水肿"的情况,所以它们也无法离开海水而存活。

至于水生脊椎动物多为"处变不惊"的自我调节者,包括鱼类和海洋中用肺呼吸的动物。先说鱼类,鱼类的渗透压调节机制比较完善。按照鱼类水盐代谢和渗透压调节的特点可以分为:淡水硬骨鱼类(如鲫鱼、鲤鱼),其体液的渗透压高于淡水;海洋硬骨鱼类(如大黄鱼),其体液的渗透压低于海水;海洋软骨鱼类(如鲨鱼),其体液渗透压与海水基本相等;广盐性洄游鱼类(如三文鱼),在海水中,体液渗透压低于海水,到了淡水中又高于淡水。

不过,淡水硬骨鱼类要面临两个难题:一是水由周围环境流入体内,有可能被"涨死";二是盐类等溶质向体外流失,虽说动物体表的特殊结构可减少水分的流入和盐类的丢失,但是世上没有不透风的墙,也没有完全不透盐的动物体表。所以,淡水硬骨鱼们一方面要补偿盐类的丢失,一方面又要排出多余的水。

首先说盐分,这可以从食物或周围的水中获得。但是注意啦!从盐度低的水中摄取盐分,将它们运送到高浓度的体液中,这是逆浓度梯度的摄取和运送,这个过程需要消耗能量。还好,这些鱼类的肾脏具有发达的肾小球,过滤效率极高,并且它们一般没有膀胱或者膀胱很小,可以随时排尿,尿量也比较大。

这些鱼的尿中盐类含量低，要是有机会品尝鲫鱼尿和鲤鱼尿，肯定尝不到咸味儿。

而海洋硬骨鱼类则要面临缺水和"被咸死"（海水中的盐类不断进入体内）的困局，所以它们的解决途径与淡水硬骨鱼类相反：一个是肾小球退化，排出的尿量很少而且浓度很高，这样就能保存大量的水分；同时，它们可以通过鳃把多余的盐排出体外，这个过程同样也是逆浓度梯度的，同样需要消耗能量。

广盐性洄游鱼类则要面临以上两种情况，它们采取的措施是：体表渗透性很低，并且覆盖着黏液，我们摸摸三文鱼就能感受到；通过肾脏活动的调整来改变尿量，在淡水中大量排尿，在海水中则减少排尿；鳃组织在海水中帮助排盐，在淡水中又能摄取盐分；在海水中大量吞饮海水。虽然人不能喝海水，但是它们可以喝。它们有能力把盐分排出去，喝海水可以补充水分。

至于海洋中那些用肺呼吸的动物，倒是不会像海水鱼类或无脊椎动物那样，因为鳃或体表与海水接触直接进行气体交换，带来了很多多余的盐分（进行呼吸的表面必须很薄，从而也使得盐分和水容易通过，而像我们人类的皮肤表面有角质层，是不透水的）。不过，在海洋中，这些哺乳动物和爬行动物都只能喝海水，其食物的含盐量也比较高，所以它们也必须排出多余的盐分。

另外，许多在海洋生活的四足动物具有盐腺，分泌液中含大量钠和氯。比如海龟，它有围眶腺，其排出管开口于眼角。所以如果你看到一只海龟在流泪，不要以为它在悲伤，它是在排盐！另外，海洋哺乳动物能排出比海水浓度更高的尿。这样想来，鲸鱼的尿恐怕是咸味儿十足的。

非常问

### 硬骨鱼和软骨鱼有什么区别？

从名字上看，最大的区别当然就是一个骨头是硬的，一个骨头是软的啦。这确实是两者最大的区别。

硬骨鱼大家比较熟悉了，我们平时吃的鱼大都是硬骨鱼（比如鲤鱼、鲫鱼、罗非鱼），它们身体里有硬刺，吃鱼的时候不注意就会被卡住。而软骨鱼是鲨纲鱼类的统称（除了鲨鱼，还有鳐、魟和银鲛），它们大都生活在海水里。

其实，硬骨鱼、鸟类和哺乳动物身上也有软骨。比如我们吃的鸡脆骨就可以咬得动。我们人身上的鼻尖或者耳廓都是软骨，可以捏得动的。

# 花儿为什么这样红

年轻的同学们，你们大概都不知道《花儿为什么这样红》这首歌了吧。这首歌确实年代久远（哎呀，暴露年龄了），它是电影《冰山上的来客》的主题曲，而我们今天要说的就是冰山（高山）上的花儿为什么这样红。

如果我们有机会去到高山或者高原，就会发现，那里的花儿通常格外艳丽，红的杜鹃、蓝的龙胆、黄的报春……为什么那里的花儿就格外艳丽呢？

## 扮靓花朵为生存

首先我们来看看高海拔地区的环境怎么样。去过高山或高原的人都知道，在那里很容易被晒黑，昼夜温差大，即使夏天也有点冷。因为海拔高、空气稀薄、紫外线强、气压低、气温低，高山的植物们面临着严峻的考验。而花儿颜色艳丽就是一种生存方式。

花朵的颜色是由不同的色素呈现出来的。蓝色、紫色、红色主要依靠花青素。花青素呈现的颜色受酸碱度的影响，在酸性环境下偏红色，在碱性条件下则偏蓝色。黄色主要是胡萝卜素和叶黄素的作用。高山上的花儿们花青素和类胡萝卜素（胡萝卜素和胡萝卜醇）含量比较高，所以颜色更加艳丽。这两种色素含量增高的原因是它们都能大量吸收紫外线，以避免细胞遭受紫外线的破坏。简单来说，就像我们去高原需要抹上很多防晒霜，花朵们抹的则是花青素和胡萝卜素。

特别多的色素只是高山植物对高山环境适应对策的一个小方面，让我们来看一下还有哪些有意思的对策吧。

## 高山植物的特别身材

高山植物大多根系扎得都比较浅，即使是长根向下长到一定深度后也会弯曲向水平方向发展或者干脆翘起来伸到土壤表层里。科学家们分析原因有可能是土壤温度越往下越低，而低温会严重影响到根系吸收营养。另外，在高山垫状植物（长得跟一层垫子似的植物）中还存在不定根现象（长在植物茎或叶子上的根），除了部分的吸收功能，这些根系更重要的功能在于固定植株。由于植株周边的茎枝反复分枝，加上高山风大，细枝很容易被风吹翻，所以这些不定根可以起到固定分枝的作用。

除了根，高山植物的茎也非常特别。高山上的植物普遍长得矮，甚至贴着地，成一层垫子状或者绒毡状。这是因为高山上气温低、风大，"树大风必摧之"的道理植物们还是懂的。另外，长得跟垫子似的也有助于保暖。由于经常吹风，垫状植物分枝间隙会有泥沙，而泥沙之上有新叶密密麻麻地覆盖起来，形成一层保温层。有科学家做实验证实，垫状植物内部温度要比外部的气温高出10℃左右，这真的就跟穿了件羽绒服似的。

再来是叶。高山植物的叶片大都小而厚，有的还特化成鳞片状、条状、柱状或者针状，这跟沙漠里的植物有点类似。因为高山和沙漠一样，都很干燥，节水就变成生存的第一要务。此外，高山植物的叶片上还存在各种附属物，如毛状体、刺状物、角质层和蜡质层。这些附属物可以反射阳光，减少叶片表面空气的流动，降低蒸腾作用，防止水分过度丧失。有研究表明，随着海拔升高，高山植物的叶绿体由规则的椭球形变为球形或近似球形，并且有趋势向细胞中央移动。这些变化都是为了减少光线的直接穿透，避免强辐射的伤害。

高山植物的叶绿体中会累积淀粉，乃至出现巨大淀粉粒，这都是因为低温导致光合作用产物不能及时运输出去，所以都一股脑儿堆积在叶绿体中。另外，叶绿体类囊体会膨大，用于储存二氧化碳和氧气，在一定程度上弥补了高山环境空气稀薄、二氧化碳和氧气的不足，以保证光合作用和呼吸作用可以正常进行。

## 穿毛衣的花朵

最后再来说说花。花儿除了用鲜艳的颜色来对抗强烈的紫外线，也会利用自带的"温室"和"毛衣"来御寒。苞片是花的一个组成部分，但不少植物缺失了这一结构。苞片其实是一种变态叶，主要作用是保护花或者果实。有的苞片会像花儿一样鲜艳多姿，因此被误认为是花，比如马蹄莲、珙桐，它们洁白亮丽的"花瓣"都是苞片。

在部分高山植物中，如蓼科大黄属、菊科风毛菊属植物的苞片就非常发达，不仅保护花儿不受紫外线的伤害，同时也能发挥"温室效应"为花儿们保暖。研究表明苞片对红外线辐射的透射率要远大于紫外线，红外线含有热能，所以能使苞片内部温度升高。除了苞片，有的植物还自带"毛衣"——苞片上长有一层浓密的绒毛，具有保温、防水及反射阳光的作用。大家知道向日葵会追随太阳的脚步，其实很多高山花儿也有"向日运动"，如草玉梅的花在白天追踪太阳吸收热能，晚上闭合以避免热量流失。

高山地区有利于植物生长的季节很短，"恋爱季节"就更短，所以高山植物的花期很短。但即使如此，与低纬度的同种植物相比，生长于高海拔地区的花儿普遍开得更久。这是因为很多高山花儿靠昆虫传粉。但是，昆虫到访花朵的频率和活动能力会随着海拔的升高而降低，所以花儿延长花期是为了吸引更多的昆虫来传粉。

值得注意的是，在高山环境中，熊蜂和蝇类成为了主要的传粉昆虫。因为熊蜂具有较稳定的热调节系统，能抵御严寒，并且飞行能力较强，高山风大也不怕。说到这里，我们再来说说题目所提出的问题，其实高山花儿颜色艳丽不只是上面提到的原因，还因为熊蜂喜欢紫色和蓝色的花。植物开花最主要的目的就是为了吸引传粉动物，当然得迎合传粉昆虫的喜好啦。

高山植物中也有不少花儿靠风来传播花粉，高山风大，不用白不用。那些靠风来传递花粉的植物，不需要开出美丽的花儿和生出甜甜的花蜜来吸引鸟和昆虫，这样它就能节约营养物质和能量。但这也有不好的地方，因为很多高山植物都长得矮小，甚至都贴在地上了，所以风的作用也比较有限。所以靠风和昆虫传播花粉各有其优势和不足。

花儿虽然美丽，但是开花却是相当耗费能量的。在这么恶劣的环境下，许多高山植物同时依靠有性繁殖（开花结果）和无性繁殖来繁育后代。但条件比较好的时候就同时进行有性和无性繁殖，条件较差的时候，就通过无性繁殖，如匍匐茎、根茎或分蘖（在地面以下或接近地面的地方发生分枝）等方式来繁殖。

即使条件再艰苦，高山植物们也积极亮出各种杀手锏来应对，所以花儿这样红，红的是令人赞叹的生存技巧，红的是不屈不挠的生活态度。

## 非常问

### 马蹄莲的花在哪儿?

　　文中提到了马蹄莲的苞片常常被误以为是花,这个苞片因为形似佛陀身后的火焰,而被称为佛焰苞。那么,马蹄莲真正的花在哪儿呢?

　　它真正的花就是我们以为是花蕊的东西。那根本不是简单的花蕊,而是马蹄莲的花序,这种花序叫作肉穗花序。其花序是肥厚肉质的,上面生长着许多单性无柄小花。

　　最典型的肉穗花序是玉米棒子,我们吃的玉米棒子其实也是玉米的花序,玉米粒就是上面一个个小花结出的果实。

# 我有我选择

我们人类有权利选择住哪里——面朝大海还是大树底下好乘凉；动物们也有对生活环境的选择权。关于这个话题，有个专业名词叫作生境选择。

跟人类似，有些动物对居住环境不太挑剔，四海为家；而有些动物对生活环境（栖息地）的要求很严格。我曾经就对昆明翠湖公园的一群绿头鸭进行了研究，结果发现，即使是在面积不太大的、人为修建的公园中，它们也会找到自己最喜欢的栖息地。

我们人类选择居所的时候，判断标准可能是小区绿化情况、安保情况、周围是否有超市、地铁、学校，房子是否坐北朝南等等。那么动物们根据什么来选择居所呢？

这些具体的选择依据叫作生境因子。生境因子的范围就很宽泛了，可以是无生命的物理或地理因子，如坡向、海拔、温度、光照、风力等等；也可以是生命环境，如什么样的动植物邻居。

## 羚羊选家的规则

东北林业大学的罗振华等研究人员，研究了内蒙古达赉湖地区蒙原羚在春季的生境选择，发现羚羊对家居也蛮挑剔的。

对了，需要说明一下，动物在不同季节对生境的选择可能不一样哦。这是因为食物条件、气候或水源等环境可能会发生变化。生境因子通常可以分为三大类，包括环境因子、植被因子和干扰因子。其中，环境因子包括海拔、坡度、坡向、风向、隐蔽条件、离水源的距离、隐蔽条件（也就是你往那儿一站，向四周八个方向眺望，能看多远）、地表状态（泥地、沙地、土壤、石块或碎石地）等一系列因素；而植被因子则包括植被高度、类型、种数、密度等；至于干扰因子，说的则是到道路的距离、到围栏的距离、到居民点的距离、到牲畜的距离、到人类活动的距离。要特别说明的是，这个干扰主要都是指人对野生动物的干扰，包括人养的牲畜，即使一块风水宝地，如果离人太近，动物也不愿意去的。

有时候我看见有人把人造鸟巢挂在人来人往的广场或者路边的树上，并且离地面很近，有些甚至伸手都能够到。这种行为完全是出于好心，但我想说的是，这根本是白费力气嘛，挂在这种地方根本不会有鸟来住的。

最后通过研究发现，蒙原羚喜欢中下坡位（就是坡的中间和坡脚位置）和平地，离水源的距离最好在4000米～8000米，坡度小于10度，隐蔽条件小于3000米，距围栏1000米～2000米，并且喜欢有针茅和其他杂草的植被。这就可以看出蒙原羚的偏好了，喜欢在食物充裕、隐蔽条件好、距离人类稍稍有距离的地方。

## 城市鸟儿如何选寓所

上面的例子是在野外环境中的动物，下面再来说说城市中的动物。科研人员对四川南充市北湖公园的夜鹭的生境选择进行了研究。夜鹭是一种夜行性湿地鸟类，但是通常在高大的树上筑巢，所以它们的生境因子跟蒙原羚是完全不同的。研究人员在夜鹭的生活环境中选出7种生境因子，来考察这些鸟儿究竟喜欢什么样的家。这7种因子分别是巢穴离湖面的水平距离、离地面的高度、乔木郁闭度（乔木树冠遮蔽地面的程度）、受保护程度（人是否能够进入）、人为干扰（距建筑物或者道路以及其他人类活动的直线距离）、灌木盖度（植物地上部分的投影面积占地面面积的比率）以及乔木的种类。结果表明，夜鹭喜欢离湖面较近的、乔木郁闭度较大，同时人类又很少能进入的地方筑巢，这类地点还是方便捕食的，又不受打扰，是个生儿育女的好地方。当然，夜鹭也有喜欢的树种，它们更喜欢构树，但是不喜欢香樟和桉树，毕竟后两种植物都有特殊的气味儿不招夜鹭喜欢。

所以说，动物对栖息的环境都是有一定选择性的，这也与它们的生活习性息息相关——喜欢吃什么，喜欢奔跑还是爬树，喜欢隐蔽还是开阔。动物们为啥会有"选择居所"的本能，这个问题至今还没有确定的答案。

### 天生会选家

有些学者认为，至少对鸟类而言，选择在哪里居住是一种印记行为。也就是说，在鸟儿出生后看到什么样的环境，以后就会选择什么样的环境。但是有一点，鸟儿出生后形成印记的季节与它们长大要开始选址修建鸟巢的季节不一样，因而环境条件也不一致，所以这一观点很难被证实。

还有学者认为，这是动物们与生俱来的"第六感"，不用学、不用记它们就能做出选择。为了验证这个理论，科学家们找来了拉布拉多白足鼠的两个亚种——森林亚种和草原亚种来做实验。森林亚种的家在硬木林和灌木丛中，而草原亚种则栖息在开阔的田野里。不过，在实验中出现的两个亚种白足鼠都是在实验室里出生和长大的，它们并不知道自己的父辈生活在什么环境里。当把这些白足鼠放养在人工草地和森林中时，有趣的事情发生了，森林亚种选择了森林，草原亚种选择了人工草地！好事的科学家还把草原亚种"婴儿们"在森林里养了一段时间，即便这样，也不会削弱它们对开阔田野的偏好。这样看来，遗传性对生境选择的影响更大。

## 给动物一个美好的家

我们研究生境选择，对动物保护，尤其是珍稀濒危动物的保护来说，意义十分重大。兵法云："知己知彼，百战不殆。"要想保护好我们身边的动物精灵，我们不仅要知道保护对象吃什么、啥时候繁殖，而且要了解清楚它们喜欢住在什么样的地方，才能更有效地保护它们。就拿悬挂人工鸟巢这事儿来说，首先，我们要想清楚挂的是什么鸟的小窝，在明确保护对象之后，我们还必须了解：它们的巢需要多大？它们喜欢什么树？树的郁闭度是大是小？鸟巢要朝向什么方向？是要隐藏在树叶中，还是暴露在光秃秃的树枝上？离地面多高？离道路和居民点多远？每一个细节都需要考虑，给鸟儿们提供巢穴是很好的，但是挂错了地方是无鸟入住的。

有些动物园把动物关在小小的笼子里，喜欢爬树的不给树枝、喜欢开阔水面的却只给一小坑水塘，这其实也是一种虐待。同学们不妨到动物园研究一下，看看哪些动物其实住得不舒服，也许能提出很多宝贵的建议呢，好让这些动物的家更舒适，更接近它们祖辈曾经生活过的地方。

至于那些珍稀濒危野生动物，在野外本来数量就少，很少

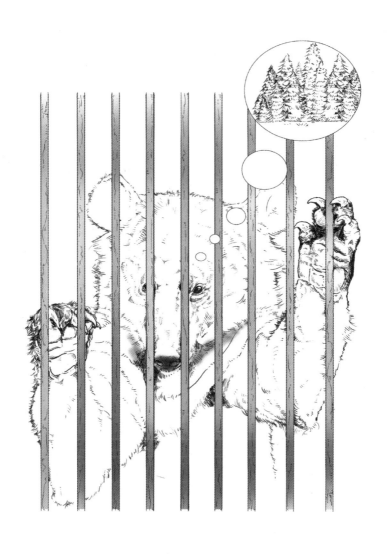

能碰到，研究它们的栖息地环境、生境选择就更难了，这也是动物保护正面临的一个难题。所以，建立起自然保护区，尽可能保存自然环境，才是目前最可行的解决之道。

## 非常问

### 人工驯化后的家禽、家畜和宠物也有生境选择吗？

有的。人工驯化并不会抹杀动物对生境的选择，但是选择的生境可能与它们的祖先不同。另外，即使生活在农场或者农舍里，它们对一些生境因子也还是有偏好的，只是可能活动受限，它们无法自由选择，但是如果这些生境因子不适宜，也会给它们的生长和繁殖带来不利影响，比如光照、温度、湿度、食物条件、繁殖条件等等。所以要想养好这些动物，事先研究一下它们偏好的生境因子也是十分必要的。

# 别让小鸡快跑

如果大家看过《小鸡快跑》（Chicken Run）这部动画片，一定会对其中那群勇敢的农场小鸡们印象深刻——它们不甘心因为下不了蛋就要被宰杀，终于来了一场大逃亡。虽然现实中，小鸡或其他人工饲养的动物们没法像动画片中那样计划并实施逃亡（当然不少动物确实是想逃走的），但是却不得不引起我们思考这样一个问题：人类该如何对待我们饲养的动物们，才会让它们不致逃跑？这个问题的核心就是动物福利。

## 动物也要有福利

对于大多数国人来说，动物福利还是个比较陌生的词。目前，国内还没有专门的动物福利法，只有那些珍稀濒危动物才会受到法律的保护。但就世界范围来说，这并不是一个新的概念，在欧洲，动物福利已经有二百多年的历史了。

所谓福利，并不难理解，具体来说就是：动物们身体健康，居所舒适没危险，没有害怕、紧张等负面情绪，想吃就吃，想拉就拉，想找配偶就立马能找到。很多人可能会说，我现在的福利都没这么好！等一下！其实如今动物的福利也没有这么好。我们现在强调的动物福利还是动物生存的基本条件——不遭受虐待，同时还要争取足够的认同感，以及完善的司法体系的支持。而这些都还处在最初的阶段，特别是对农场动物来说尤其如此。

农场动物就是我们养的猪牛羊鸡等等，当然它们不一定生

活在农场，如果能生活在农场已经算比较幸福了。在中国，这类动物大多生活在狭小、阴暗、臭气熏天的农舍里。我们都说猪很脏，那是因为它们生活的环境如此。其实猪们也是爱干净的，在又脏又臭的环境中，它们也是会难受的。大家如果去看看野生动物，就会知道了，没有哪只动物身上会粘着大便，又脏又臭（除非是生病或受伤了），动物们也知道不搞好卫生是会生病的。

## 住不好和吃不爽

有人可能会说，这些动物横竖都是用来"祭五脏庙"的，

何必给它们费力费钱地搞好福利呢？原因很简单，如果环境脏乱差，家禽家畜很容易生病；它们长期处于压力环境下，长肉的速度和肉质都会受到影响。

动物在屠宰前如果受到强烈的刺激，肉制品的品质会大打折扣。这是因为，动物肌肉活动的能量来自于肌肉当中的糖原，如果死得没有啥痛苦，那么屠宰后肌肉中的糖原会转化为乳酸。乳酸对于保持肌肉的质量和颜色是非常重要的，可以使肉质变得柔软而且味道鲜美，乳酸还可以起到抑制细菌生长的作用。但是，如果死前受到极大的惊吓甚至虐待，肌肉中的糖原就会过度消耗（如果受到惊吓，机体处于高度紧张状态，会消耗大量能量），那么死后肌肉中的乳酸就会很少了，从而严重影响了肉的品质。尤其是如果运输和屠宰过程中造成瘀血或其他伤口，更会影响肉质，瘀血肉不适于食用，但适于细菌的生长而容易导致肉质腐败。所以即便是出于经济效益的考虑，也应该投入资金改善农场动物的生活条件及生存环境。就更不用说从道德、伦理、宗教、哲学的思想观念上考虑了。

## 当个合格的农场主

下面，我们把自己想象成农场主，来学习学习具体应该怎么做才符合动物福利的要求。

首先要说明一下，动物福利涉猎颇广，有兽医学、畜牧学、动物行为学、动物生理学和动物伦理学等，如果要立法的话，还要涉及法律、社会科学等领域。还是先来解释几个概念。

第一个是动物的感觉。动物是有感觉的，能和我们一样体验到快乐和痛苦（当然不是所有动物，没有生理基础的低等动物则没有），所以我们需要关注它们是快乐还是痛苦。但是因为动物们不会说话，不能直接说出它们的感受，所以动物行为学在这里就起作用了，它们通过行为来传达它们的感受。当然，这并不是说所有农场主或者养宠物的人都需要成为动物行为学家，但是有经验的养殖户或者宠物主人在长期接触这些动物的过程中，确实能够通过动物的行为，尤其是异常行为了解到动物的感受和需求。

第二个就是需求。需求是动物为获取特定资源的生物学表现。生理上的变化或表现特定的行为都是为了满足这些需要的，所以需求又分为"生物需求"和"行为需求"。说通俗点，就是饿了就要吃东西，渴了就要喝水，困了就要睡觉。当然这些是包括人在内的所有动物的共性，还有一些因不同动物而异的个性。比如，猪喜欢拱土，鸡在下蛋前要筑巢，狗狗喜欢出去撒欢儿、在树根下撒尿等等。所以要想办好农场，了解所饲养动物的习性很重要。

第三个概念是应激。应激就是动物个体在受到具有损伤性的物理、化学、生物及心理上的强烈刺激后，随机产生的一系列非特异性全身性反应。举个例子，动物在害怕时，肾上腺素分泌会增加，心跳加速、呼吸加快、血流加速，同时也会消耗大量的能量。有些动物在强烈的刺激下甚至会伤害自己的身体。虽然一定程度上的应激可以提升动物的免疫力，但是过度和长期的应激会使动物处于亚健康状态，容易引起疾病。另外，应激还会让动物出现刻板行为。所谓刻板行为就是一直重复无意义的行为，比如在没有吃东西的时候一直转动舌头，这其实有点类似于我们人类中的自闭症儿童咬指甲、拔头发。我们在动物园稍加观察就能看到很多动物的刻板行为。

我们了解了这三个概念，当个动物们心中的好农场主就容易多了。首先要关注动物们的感受，满足它们的需求，给予它们营养健康的保证，这些要求一般养殖场、农场都能做到。容易被忽视的恰恰是动物们的自然行为表达以及应激反应。当下还有很多虐待动物的现象，如恐吓以及暴力驱赶动物，甚至活剥皮毛、残忍屠杀动物。这些虐待行为既应受到道德谴责，也应受到法律的惩罚。

除了农场动物，还有很多动物活跃在实验室、动物园中，在海洋馆和马戏团中表演，或者蜷缩在我们脚边当个乖巧的宠物。它们都应该享受到动物福利。这些动物没有了自由、牺牲了性命，还无法得到理性的对待，那自称文明人的我们实际上与野蛮人又有什么区别呢？

文明的程度不是取决于科技的强弱、力量的大小，而是对待同胞、对待弱者、对待生命的态度。

## 非常问

### 为什么不要吃野生动物?

首先要声明，珍稀濒危动物是受国家法律保护的，严格禁止猎杀（可悲的是仍然还有不少人想要以身试法）。那么那些非濒危的、不受法律保护的野生动物是不是就可以吃了呢？

从人类自身的健康来说，野生动物没有经过检疫，体内可能含有许多病毒病菌和寄生虫，会危害到我们的健康。再说了，现在的鸡、鸭、猪、牛、羊等都是经过了成千上万年的驯化而成为了我们人类的肉食来源，是我们的祖先在众多动物中挑出来的，野生动物的味道并不会比这些家禽、家畜鲜美多少。经过选种育种，我们又创造出来了很多符合我们要求的各类品种，味道和营养价值都很高。

哪怕是现在数量很多的野生动物，一旦被我们人类搬上餐桌，恐怕也会走上濒危的道路。

# "飞蛾扑火"只是美丽的误会

人们常用"飞蛾扑火"来形容自取灭亡，但更多用来形容不顾一切奔向目标的行为，形容特殊的爱情。所以"飞蛾扑火"也变成了人们一种浪漫的愿景。

但动物界往往没有那么浪漫，甚至残酷。首先，飞蛾扑的不是火，而是火发出的光。所有生物都怕明火，都能被火毁灭，所以没有一种生物喜欢火，并奋不顾身地奔向它。只不过古人还没发明出电灯（其实以前那种电灯泡的温度也挺高的，现在使用的 LED 没那么热了），都是用火来照明，所以飞蛾扑的是光。

### 所欲者光也

好了，我们已经说明飞蛾扑的不是火，那么飞蛾为什么要扑光呢？也许很多人能回答出趋光性，没错，这是一种趋光性。那飞蛾为什么会有趋光性呢？

首先,我们先来了解一下动物趋光性。有人把趋光性单纯地理解为喜欢光,这是不对的。从定义上讲,趋光性是生物对光刺激的定向运动。植物和动物均有趋光性的表现。

植物趋光性的例子很多,因为绿色植物需要阳光来进行光合作用,最典型的例子是植物幼嫩的茎会朝着光的方向弯曲生长。而在动物界,最著名的例子恐怕就是"飞蛾扑火"了,其实很多昆虫都具有趋光性。趋光性不仅包括朝向光源运动的正趋光性,也包括远离光源的负趋光性。飞蛾就是正趋光性动物的代表,而马陆这种不喜欢光明的动物就是负趋光性的代表。

昆虫的趋光性与它特殊的视觉系统不无关系。道理很简单,只有先能感觉到光,才能对其作出反应。我们都知道复眼是昆虫的主要视觉器官,但是昆虫的单眼在其导航过程中也起着重要的作用。飞蛾是一种夜行性动物,即便晚上光条件很差,它们仍然可以在夜间准确地分辨色彩、飞行自如,甚至还可以利用模糊的月光和能看得见的地标来导航。

对于昆虫为什么会有趋光性,许多科学家提出了自己的假说。第一种认为,雄蛾子把"火"当作美丽的雌蛾子,屁颠儿屁颠儿地向火奔过去,

结果还没明白是咋回事就被烧死了。也许有人会想，蛾子也太傻了吧，咋能把火当成对象呢？这是因为昆虫的触角可以感受同类信息素分子的振动，而灯光中的远红外线光谱与信息素分子的振动谱线一致，雄蛾子就以为是雌蛾子了。

第二种假说认为像蛾子这样夜行性昆虫因为适应了黑暗的环境，而进入有灯光的亮区时，强烈的光线干扰了它们的正常行为，它们无法回到黑暗的地方，跌跌撞撞，最终撞到灯上。就像我们人被强光刺激，会看不清东西，甚至会头晕。

还有假说认为，这是因为虫体两侧的光刺激不同导致不均等的神经冲动，从而使两侧用力不相等。就好比蒙住眼睛的人走路，很难走出直线，甚至会走一圈回到出发点。

## 走弯路的蛾子

目前更为普遍接受的假说是，蛾子是依靠月光和星光来导航的。因为月亮和星星离我们都很远，所以射出来的光射到地球上可以看作是平行光。我们学物理的时候，老师也讲到过自然光（太阳光、月光、星光）是平行光，而人造光源，如灯泡等就是点光源，光线是从光源辐射出去的。平行光能作为参照来做直线飞行，只需要与自然光保持固定的夹角，夜行性昆虫就能朝着一个目标沿直线飞过去。想改变方向，也只需要改变夹角即可。这是一种简单有效的导航方法，也是许多夜行性昆虫经过漫长进化过程进化出的本领。

但是人类创造出了人造光源，人造光源跟太阳、星星比起来近得多，光线成放射状。蛾子们不知道啊，只是本能地依然按照与光线的固定夹角飞，结果飞行轨迹变成螺旋状，越飞就越接近光源，直到最后一头撞上。所以"飞蛾扑火"实则是被我们人类发明的新光源蛊惑、搞不清方向所致！

## 飞蛾为何不避火

有人可能会问，那为什么蛾子没有进化出新的导航方法，避免"扑火"呢？

首先，死在"扑火"上的蛾子并没有很多，远不至于影响到整个物种的生存，并没有这种生存压力让它们进化出不会扑火的行为。毕竟还有很多蛾子可以在星空下自由地舞蹈。如果有一天，地球每个角落都有危险的火焰，那时很有可能出现不会扑火的蛾子了。

"飞蛾扑火"不仅仅是个文学词汇，在实际生活中也有应用。聪明的人类利用"飞蛾扑火"现象发明了诱虫灯来杀灭害虫。诱虫灯跟杀虫剂相比更加环保高效，并且害虫容易对杀虫剂产生抗药性，但是害虫们对诱虫灯无法免疫，并且很难产生耐药性。

最早用于诱杀害虫的是黑光灯，它是一种特制的气体放电灯，能发出波长在330纳米～400纳米之间的紫外光波，我们人类对这种光不敏感，但是对有些害虫却有致命的吸引力，被吸引过去之后等着它们的就是毒药！现在则有了许多新型的诱虫灯，如高压钠灯和LED灯。除了引诱作用，有些光本身对害虫会有不利的影响，比如使幼虫发育迟缓、使昆虫繁殖力下降等。

所以，夏天的夜晚，当我们坐在灯下乘凉，不要再抱怨蛾子向我们扑过来了，它们也是身不由己啊。

### 昆虫的单眼有什么功能？

昆虫的单眼分为两类，一类是成虫和半变态类若虫的背单眼，另外一类是完全变态类昆虫的侧单眼。

背单眼对弱光比较敏感，但是空间分辨率低，是一种"激发器官"，主要是用来增强复眼的感知能力，调整其对刺激的反应。

侧单眼是完全变态类昆虫特有的感光器官（蛾子就是一种完全变态类昆虫，一生中会经历卵、幼虫、蛹和成虫四个阶段），可以感知颜色、形状、距离等。单眼对昼夜明暗有适应性，并且完全受环境的光暗变化的控制。

# 动物为什么不是体形越大越好

众所周知，陆地上现生最大的动物是非洲象，海洋里最大的动物是蓝鲸。作为陆地上最大的动物，成年非洲象在非洲大草原上所向披靡，甚至狮子都对它退避三舍，这显然是巨大体形给它们带来的好处。那为什么动物的体形有大有小？为什么不是越大越好呢？

实际上，这个问题包含两个方面的小问题，一个是对于某一个动物个体来说，体形为什么不会无限增长？一个是对于所有动物来说，为什么不是体形越大越好？

## 大块头是大智慧吗

第一个问题比较好回答，对于一个生物个体来说，体形无限增长的坏处是显而易见的！大量的研究结果表明，随着体重的增加，生物个体消耗的能量也会逐渐增加，也就是说，个头越大，需要吃的食物越多。如果饭量会无限增长，那就会变成一件很可怕的事情，你不知道什么时候就找不到足够的食物了，当然，还总是得换更大的房子。

因此，经济的做法就是，把体形控制在一个固定的范围内，那么食量、空间等问题就是可迎刃而解的了。就这个问题而言，有一个很典型的反面例子——狮虎兽，由于是人为的跨物种杂交产物，狮虎兽存在先天的基因缺陷——不能有效地控制体形。自出生后它们会一直生长，直到身体无法承受自身重量，结果就死去了。

第二个问题就比较复杂了，动物的体形除受基因的影响，还受环境的影响。营养、温度等都会影响到体形的大小。营养很好理解，营养好，体形相对来说就会大一些，缺乏营养则会"面黄肌瘦"。我们重点来说一下温度对体形大小的影响。

说到这里，不得不提到贝格曼定律，原始定义是这么叙述的："在相等的环境条件下，一切定温动物身体上每单位表面积散发的热量相等。"比较简明的解释是："在同种动物中，生活在较冷气候中的种群其体形比生活在较暖气候中的种群大。"这是因为，体积越大，其相对表面积（表面积与体积之比）越小。所以，体形大的动物，其相对表面积较小，身体所散发的热量也小，有利于保存身体的热量，抵御寒冷的天气。比如东北虎体形比华南虎大，北极熊比黑熊体形大，生活在南极的帝企鹅比生活在赤道附近的加拉帕戈斯企鹅大。

与贝格曼定律相似的，还有艾伦规律，说的是恒温动物身体的突出部分如四肢、尾巴和外耳等在低温环境下有变小变短的趋势，这也是为了减少热量散失。比如，非洲的大耳狐的耳朵显著大于生活在北极的北极狐。

但这并不是放之四海而皆准的，也有不符合贝格曼定律的例子。如中科院西北高原生物研究所的林恭华等对高原鼢鼠的研究发现，虽然高原鼢鼠体形大小在纬度梯度上符合贝格曼定律，但在海拔梯度上并不符合贝格曼定律。一般来说，纬度越高温度越低，同样海拔越高，气温也会降低。林恭华发现，高原鼢鼠的体形随纬度的升高而增大，这倒符合我们传统的认识，但是随海拔升高，这些动物的个头没有增大反而减小了！

中科院西北高原研究所的苏建平研究员认为，在运用贝格曼定律解释同种动物体形的地理变异时，犯了一个错误，很多人把下面这个概念理解错了，我们上面说的"大型恒温动物身体单位体重（或单位体积）所散失的热量小于小型恒温动物"，这可不能理解成"大型恒温动物身体所散失的热量小于小型恒温动物"，毕竟大块头丧失的热量总量还是更多的。也就是说，体形大的动物虽然单位体重散发的热量比体形小的动物小，但从整体来看，对于同一种动物，身体增大必然导致体表面积增大，其整体的绝对散热量是增加的。为了维持较大的体形，也就必须吃更多的食物。而天气寒冷的地方往往是食物缺乏的，所以我们可以看到，在天寒地冻的南北极，动物并不都是大个头的；而食物丰富的热带雨林里，也不是只有小型动物在活跃。

蓝鲸 体长:25m
霸王龙 身高:6m　帝企鹅 身高:1m　东北虎 身高:1.2m　非洲象 身高:4m

## 历史上的大块头

让我们把视线拉得更远一点。纵观地球历史长河，生命周而复始。旧物种灭绝，新物种诞生。19世纪的美国古生物学者艾德华·准克尔·柯普曾经提出一个有意思的观点——根据化石记录的信息，生物在不断变大，这就是"柯普法则"。

如今，我们都知道恐龙的体形是巨大的，霸王龙、地震龙、腕龙都比大象要大得多，并且它们也确实比它们的祖先要大，这看起来是符合"柯普法则"的。但是为什么现存的动物都不像恐龙那么巨大、更没有比恐龙更大呢？柯普给出的解释就是——"小型化效应"，这种事情通常发生在大灭绝事件后（恐龙在距今6500万年前几乎都灭绝了），生物个体相对于灭绝事件前明显变小的一种演化现象。也有人认为，这是灭绝事件中体形大的个体被淘汰,而造成灭绝后生物个体变小的"假象"。

恐龙灭绝之后,哺乳动物开始崛起,哺乳动物在进化过程中,体形也是越来越大。对这种变化,不同科学家有不同的观点。有的科学家认为,这符合"贝格曼定律",也就是说,动物是为了适应寒冷的气候条件;有的科学家认为,体形增大有利于延长动物的寿命;还有的科学家把这种增大现象称为"古生物体形增大定律"——在古生物的每一小演化分支中,都是从小体形开始,以后体形逐渐增大,最后达到最大体形。而当一种古生物达到最大体形时,这一分支就灭绝了。

苏建平研究员有自己的看法,首先,体形的增大可以使得该物种在与利用相同资源的物种之间的竞争中获胜,这一部分动物就会沿着体形增大的方向发展下去;其次,正如那些有更长脖子的长颈鹿可以吃到更高处的树叶,其相应体形也变大,这样长颈鹿就能吃到其他动物吃不到的高处的树叶;再次,对于食草动物来说,较大的体形可以减少被吃掉的危险,比如大象就是最好的例子;最后,体形适当增大还能提高动物的奔跑速度和耐力呢。

但是,体形增大也会给动物带来很多头疼的问题。大个头需要的食物和领域面积都要增加,每个个体必须独霸更大的领地才能维持生活。但是,对于独居的动物来说,领地面积的增大还意味着更难遇到伴侣,那么繁殖后代也成了问题,灭绝的风险也会变大。

俗话说，物极必反，这个道理应用在物种个头这个问题上同样适用。横向看，不同动物在大体形的好处和坏处中做出平衡；纵向看，动物体形从小变大，灭绝，再从小变大，生生不息。

说到底，大自然是公平的，事情就是这么简单。

## 非常问

### 真的有巨人存在吗？

当然没有童话中跟一栋大楼那么大的巨人，但是现实生活中确实存在"巨人症"。这是一种疾病，患者会比一般人高，由青少年时期生长激素分泌过多所致。虽然现在人都喜欢个儿高的，但巨人症患者会有很多麻烦，比如语言钝浊、女子多数不育，晚期可能有头痛、视野缺损、高血压等病症，还可能引发肾上腺皮质功能减退等。

第 2 章

# 友邻决定
# 你是谁

# 在家孵鸟蛋指南

不知道大家有没有尝试过把鸡蛋捂到被子里甚至揣在怀里企图孵出小鸡？反正我是干过。后来聪明点，把鸡蛋放在灯泡下烤，或者放在一个四壁涂成黑色（黑色吸热嘛）、里面塞满棉花的盒子里，再把盒子暴晒在盛夏的阳光下。但是我所有的尝试都失败了，后来终于有机会，捡到一窝刚孵出来的小鸟，带回家过了一把鸟妈妈瘾，只可惜结果不是十分美丽……

再后来学了很多专业知识，终于成功孵出了一窝黑水鸡幼仔。

事情是这样的，师姐出差在野外捡到一窝黑水鸡蛋，小小的、灰白色、上面有褐色小点的5颗蛋。回来后，我主动承担起了照顾它们的重任。当时蛋是连同鸟窝一起带回来的，我把鸟窝放在一个纸盒子里，周围还塞满了棉花。与以往不同的是，我在实验室孵蛋，实验室有很多器材，比如恒温水浴锅，这是一个好东西，做过生物化学实验的同学都应该用过这个东西，它最大的好处就是可以设定温度并保持恒定，用它来孵鸟蛋一定也不错。要知道鸟类的体温比我们人类要高，在40℃左右。考虑到热量的散失，我把温度设定在46℃。结果让我非常惊喜，所有的蛋都孵出了小黑水鸡。

## 温度加加加

看来孵蛋成功不成功，温度是非常关键的。实际上，温度对动物的繁殖以及生长发育都是非常重要的。

就变温动物（蛇、蜥蜴、青蛙都是变温动物）而言，外界的温度就决定了身体的温度，外界温度上升，它们体温也会随之升高，并且体内的生理过程就会加快。这里有一个范霍夫定律，就是指温度每升高10℃，化学过程的速率就加快2倍~3倍。但这个定律是有局限的，就是温度一定要在适宜范围内。否则，温度过高，就算动物们不变成烧烤，也都超出身体承受极限了。凡事都有个限度嘛。

相对于变温动物，像我们和鸟儿这样的恒温动物，生理过程更为复杂，温度影响到心率、呼吸频率和代谢率。在10℃~30℃范围内，这些生理过程随温度的下降而增高，与变温动物正好相反。这是因为温度下降，恒温动物的机体通过加快心跳、呼吸、代谢等来增加产生的热量，来维持恒定的体温，否则体温过低会有生命危险的。

动物的生长发育是需要一定温度范围的，低于某一温度，动物就停止生长发育，高于这一温度，动物才开始生长发育。这一温度就叫作发育起点温度或生物学零度。

有意思的是，昆虫为了完成某一发育期所需要的总热量是一定的，这个叫作有效积温法则。我们用K来表示这个总热量，那么有一个公式可以算出这个值——$K=N(T-C)$。其中N是昆虫完成某一发育阶段所需要的天数，T是发育期的平均温度，C是发育起点温度（即生物学零度）。

我们知道这个公式有什么用呢？用处非常大。比如我们要是知道了农业、林业害虫（比如说天牛、棉铃虫等等）的K和C，并统计气温，那么就可以知道这种昆虫需要发育多少天，这样就可以预测虫害的发生期。

当然这个法则也是有局限的，因为发育速度与温度并不是公式中所设定的直线关系，它只适用于一定的适宜温度范围；动物进行发育所处的温度并不是固定不变的，而且动物的发育速度不仅取决于温度，还依赖于其他条件。

常温动物的生长和发育受温度的影响就更加复杂了，温度不仅影响生长速度，还影响身体大小和各个器官的比例。比如低温环境下的动物生长得更缓慢，体形更大、寿命更长。

## 选个蛋来孵化

现在我们再回过头来讲讲如何在家孵蛋吧。首先呢，严禁掏鸟窝，不能因为想尝试孵蛋就去破坏别人的家庭，就算看到一窝从树上落下来的鸟蛋，也要首先想着放回去，并观察是否有亲鸟过来，如果确实是被遗弃的鸟蛋（要有专业的科研人员确认，自己把亲鸟赶走可不算），你可以按照我这里讲的方法带回家去孵。

当然，如果是国家保护鸟类，一定要及时告知林业部门或者动物保护组织，不要再尝试自己孵。有人会问，我怎么知道是不是国家保护鸟类？别说鸟蛋了，就是成年鸟都不认得，这里我可以告诉大家一个方法，多拍照，拍蛋、拍鸟窝、拍捡到鸟窝的地方、拍附近的鸟，现在网络这么发达，可以发在网上请教相关部门或专家。

所以，大家尽量选择鸡蛋来孵吧。这里就又有个问题了，很多人尝试过孵鸡蛋，但是怎么都孵不出来。这不是我们的方法有问题，而是蛋有问题。市场上卖的很多鸡蛋都没有受精，根本孵不出来。另外，不要在冰箱里随便拿个鸡蛋就孵，就算是受精了的鸡蛋，放入冰箱后也比较难再孵出来了（也不是完全不可能的，冷藏室的温度不会破坏鸡蛋的蛋白质）。

## 温度之外的孵蛋秘籍

假设已经有一个受了精的鸡蛋，那么你需要给它一个窝，最好模拟自然的鸡窝（用稻草做一个），没有条件的话也可以

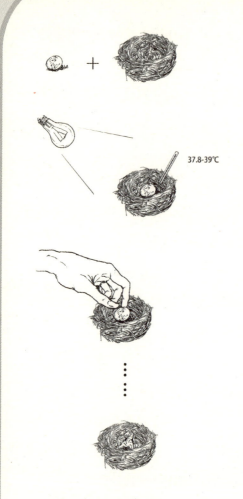

用布和棉花等代替,其实这个不重要啦,最重要的还是温度。在家里,是不太可能有专业的孵化器和恒温水浴锅了,当然揣怀里和放被子里是不行的。因为人的舌下体温是37℃左右,那是体内的温度,体表的温度就更低了,这个温度满足不了孵蛋的温度(除非你发烧),被窝只能保证热量不散失,但本身不产热。其实用白炽灯泡就可以了,注意是白炽灯,现在的LED灯或者荧光灯都是冷光灯,散发的热量低,无法给蛋加热。把白炽灯挂在蛋的上方,然后用温度计测量蛋表面的温度,保持在37.8℃～39℃之间,可以通过调节白炽灯与蛋的距离来调节温度的高低。注意,在气温明显变化的时候,再用温度计量一下,及时调节温度,保证温度在上述温度范围内。

除了温度,湿度和通风也很重要。湿度过高阻碍蛋中水分的蒸发，湿度过低蛋内水分蒸发量大，破坏新陈代谢的正常进行。湿度的大小在孵化的不同阶段是不同的，但我们在家孵蛋也没必要那么精确，像在养殖场一样严密控制。不过有兴趣的同学可以试试：孵化初期（1天～6天）湿度60%～65%，孵化中期（7天～19天）湿度50%～55%，孵化后期（20天～21天）湿度65%～70%。加湿比较容易，现在都有加湿器，没有加湿器可以就放盆水在旁边。另外，要注意通风，如果氧气不足，二氧化碳浓度过高，往往会造成胚胎生长停止，或者引发畸形等。

还需要注意翻蛋，就是时不时把蛋转一转。在自然界中，鸟妈妈用喙来翻蛋。这样做是为了使蛋受热均匀，促进胚胎的活动，防止与蛋壳黏在一起。一般来说，每4小时～6小时翻一次就行。

在自然状态下，鸡妈妈也不是每时每刻都坐在窝里，每天都会定时离巢，吃喝拉撒，这个时候，蛋的温度也会下降。事实上，适当的温度波动可以增加雏鸟的孵出率和发育速度。所以，我们人工孵蛋时也要模拟这个状态，时不时把蛋拿出来晾一下。

最后，我们还需要耐心，不少人说："为啥我就孵不出来？"你以为把鸡蛋揣怀里两天就可以孵出来啊，孵小鸡是需要21天的，所以耐心等待吧。

## 非常问

### 为什么能捡到鸟窝或者鸟蛋？是被鸟妈妈遗弃的吗？

如果你能在地上捡到鸟窝，可能的情况是以下三类。一是被大风吹下来的，但是从树上掉下来还没有摔碎真是幸运。二是人家鸟儿本来就是在地上筑巢的，或者是很矮的小灌木、草丛里做窝的。所以在地上发现鸟窝，不要就觉得是被遗弃的，人家一直好好地在那里，爸爸妈妈只不过出去找吃的了，如果你"好心办坏事"把鸟蛋带走那就真是罪过了。三是鸟窝受到天敌的袭击，鸟妈妈阵亡或者逃走。一般情况下，鸟父母不会轻易弃巢，毕竟是消耗了好多精力才生的一窝蛋，弃掉太不"理智"了。

# 排排坐,吃果果

"在美丽的森林里住着一群可爱的动物,它们和平相处,互相帮助……"童话故事里通常会这样描写,但其实看似平静祥和的森林里,不同动物间正进行着激烈的竞争。

## 草履虫大乱斗

生物学上有这样一个经典的实验：把三种草履虫作为实验对象进行培养，喂以细菌或酵母。这三种草履虫单独培养时，都能大量生长繁殖。当把大草履虫和双小核草履虫混合在一起培养时，起初两种草履虫数量都有所增长，但后来大草履虫数量下降直到全部死亡。当把大草履虫和袋状草履虫一起培养时，虽然数量不如单独培养时多，但是能够和平共处。这就是著名的高斯草履虫实验。为什么会出现这样的结果呢？

首先说明，双小核草履虫并不吃大草履虫。这是因为双小核草履虫与大草履虫食物相同，但是双小核草履虫的增长速度却大大高于大草履虫，没给大草履虫留下足够的食物和空间，于是就硬生生地把大草履虫排挤掉了。而大草履虫和袋状草履虫，一个吃中上层的细菌，一个吃下层的酵母，就这样相安无事、和平共处了。

双小核草履虫和大草履虫之间的关系就叫作种间竞争。

## 竞争抢座位

我们这里所说的座位并不是普通的座位，而是堪称生死之位的"生态位"。而获得生态位的过程就是种间竞争了。按照竞争方式的差别，可以分为资源利用性竞争和相互干涉性竞争。

双小核草履虫和大草履虫之间就是资源利用性竞争，它们之间没有直接进行干涉，而是因为吃同样的食物而威胁到了竞争对手的生存。相互干涉性竞争顾名思义就是直接进行干涉了。当杂拟谷盗和锯谷盗（两种以玉米、面粉等粮食为食的鞘翅目昆虫）在面粉中一起生活的时候，它们会吃对方的卵。注意啦！它们并不以虫卵为食物，只是为了竞争食物和空间而出此狠招。

植物中也有这种现象。在内蒙古的大草原上，过度放牧的草场只有大片大片的狼毒花（瑞香科植物）。它们的根系会分泌狼毒素等物质，从而抑制像苜蓿、雀麦等植物的生长。这样，就不会有其他植物来同它们抢养分、水等资源啦。于是，我们就看见只有狼毒花的草原了。这种现象有个专门的名称叫化感作用。在农业上，我们也需要注意化感作用的威力，如果把蓖麻和芥菜，番茄和黄瓜，甘蓝和芹菜捉对种在一起，就会引发减产，甚至颗粒无收。

## 和平相处的真相

那么为什么大草履虫和袋状草履虫可以相安无事呢？那是因为它们的食物和生存空间不同，也就是"生态位"不同。如果我们把一个生态系统（比如一个森林）比作一个剧院，那生态位就相当于剧院里一个个座位。如果人们都为了一个座位而争吵，那么结果就是谁也看不成歌剧了，但是如果分不同排、坐不同座就可以安安静静一起欣赏了。那么这个座位就相当于生态位。当然，实际的生态位并不是这么简单分配的，它是由时间、空间，以及与其他种群的关系一起决定的。

在实验中，双核小草履虫和大草履虫无法共存，就是因为它们的生态位重叠了。不过，实验条件下有限的空间和有限的食物也是一个诱因。在资源丰富的野生环境中，大草履虫仍然存在，并没有因为双核小草履虫的排挤而灭绝。

## 达尔文雀的故事

竞争的结果就是产生了生态位的分化（其实这么说并不准确，并不能说生态位分化就是竞争的结果，有点类似于"是先有蛋还是先有鸡"的问题，姑且这么说吧）。最著名的例子就是达尔文雀。达尔文及其进化论应该是人尽皆知了，但是真正了解其内容的人却并不多。所以还是再详细介绍一下。

达尔文雀并不是一种鸟的名字，而是加拉帕戈斯群岛上的14种亲缘关系很近的鸟类。它们形态很相似，主要区别在于喙（鸟嘴）的形状和体形的大小。这些鸟儿的食性和栖息地也不同：大地雀、中地雀和小地雀在地面上生活，吃植物的种子，但喙分化为大、中、小三种，分别吃大小不同的种子；食掌雀虽然也生活在地面上，但是食用仙人掌。而锥嘴掌雀和爬掌雀栖息在仙人掌上,并以仙人掌的果实和种子为食;食果树雀栖息在树上,吃植物的果实和嫩芽;大树雀、中树雀、小树雀均生活在树上,分别吃大、小不同的昆虫;爬树雀和啄树雀取食树皮下的昆虫;阿列布莺雀和可可岛雀均栖息在树上以昆虫为食。而这些达尔文雀都来自共同的祖先,只是占领了不同的生态位。

有观点认为,竞争是支配物种进化发展的主要因素。它们有的生活在地上,有的生活在仙人掌上、树上,有的吃种子,有的吃仙人掌,有的吃昆虫,就避免了为争夺空间和食物而与亲人反目。排排坐,才能都有果果吃嘛!

那有人会问,既然都通过生态位分化而避免了竞争,那么自然界中是不是就没有竞争了呢?这似乎是个颇具哲学思想的问题,因为环境不是一成不变的,环境的改变,比如食物变少、空间变小、外来物种的入侵,就可能引起新一轮的竞争。

说到这里,我不禁要一边感叹生命的神奇,一边替这些动植物们捏把汗:生存真心不容易啊!

## 非常问

### 达尔文雀的喙是如何产生不同形状和大小的?

鸟喙的形状和大小主要是受骨成形蛋白4（BMP4）和钙调节蛋白（CaM）调控的，不同浓度的BMP4和CaM的组合就会产生不同形状和大小的喙。比如，低浓度的BMP4和低浓度的CaM就会形成又短又小又窄的喙，而低浓度的BMP4和高浓度的CaM就会形成又细又长又尖的喙。

那又为什么会出现不同浓度的BMP4和CaM呢？因为这14种达尔文雀生活在不同的环境中，进化压力选择了那些相应基因产生突变的雀，而这些基因突变表现出来就是不同浓度的BMP4和CaM。

# 花儿和它们的"护花使者"

说到蝴蝶，可能大家就会想到它们在花丛中上下翩飞的样子；说到蜜蜂，就会想到蜜蜂嗡嗡叫着采蜜忙。但"护花使者"远不止这些美丽可爱的昆虫，还有一些我们不甚喜欢的甲虫、蝇类，甚至还有蜂鸟、蝙蝠和小型鼠类及有袋类动物（就是袋鼠这类有育儿袋的动物，当然袋鼠是不会去传粉的，除了袋鼠之外还有许多有袋类动物，如负鼠、袋鼬、袋鼹等）。

花儿与它们的"护花使者"之间的关系也比看上去的要复杂，下面我们就来详细了解一下吧。

## 逼出来的互惠互利

花儿（有花植物）和"护花使者"（传粉动物）之间的关系，在生态学上被称为互利共生。顾名思义，互利共生就是共同生活，互相谋利，就好像我们所熟知的花朵提供花蜜，蜜蜂传播花粉这样的和谐场景。

互利共生又分为兼性和专性，兼性互利共生就是一种生物从另一种生物那里获得好处，但是还没到离了对方就活不下去的地步；而专性互利共生就是分开后就无法活下去的，其又可以细分为单方专性和双方专性，单方专性就是分开后有一种生物活不下去，双方专性就是分开后双方都无法生存。植物与传粉动物之间的共生关系则属于兼性的，谁离了谁也不会活不下去。

首先来说说为什么植物们需要传粉动物，需要说明的是并不是所有植物都需要动物为其传粉，最起码植物得有花粉吧，我们知道花粉是植物的雄配子，那么就排除了不产生花粉或者无性繁殖的植物；然后不是所有花粉都靠动物来传播，还有靠风、靠水的，所以这些植物就都没有"护花使者"了。

我们在中学生物课上学过，花有雌蕊和雄蕊，除了自花授粉的植物（自己雄蕊上的花粉传到自己的柱头上），异花授粉的植物则需要借助外力来使自己的花粉传到另外一朵花的柱头上。植物通常情况下是不能运动的，而花粉的传播以及种子的传播是植物的一种运动方式，并且花粉的运动决定了该植物个体间基因的交流情况（花粉传得近，则可能是近亲繁殖；传得远则可能避免近亲繁殖，从而使后代有遗传上的优势）。靠风传播花粉的花儿叫作"风媒花"，风媒花通常长得不像"花"，没有鲜艳的颜色、美丽的外形、沁人的香气，比如玉米的穗儿，其实就是玉米花。大部分禾本科植物都是风媒花，它们的花粉干燥、数量多、又轻又小,很容易随风飘散。所以花朵吸引动物来传粉,在很大程度上是被逼无奈。

依靠传粉动物传播花粉的花儿,叫做虫媒花(其实这个名字有点狭隘了,除了昆虫还有上面提到过的其他动物)。虫媒花就是我们脑海中的"花"了——它们有五彩斑斓的花瓣、淡雅或馥郁的香气,以及甜甜的花蜜。不过,这些都不是为了取悦人类,而是为了吸引传粉动物前来停歇或者采蜜,趁机把花粉黏在它们身上的花招(花招这个词难道就是这么来的?)罢了。

## 谁是塑造花朵的天使

那么,这些禀性各异的花朵又是谁塑造出来的呢?20世纪著名的植物进化生物学家斯坦宾斯(Stebbins)曾经提出,"花部特征是由当地最频繁、最有效的传粉者所塑造的"。这句话听来不可思议,但仔细分析,花长什么样,不正是为了迎合传粉者的喜好吗？传粉者喜欢什么样，花儿们就朝着什么样子去长。当然，这个"塑造"的过程是极其漫长的。如果我们把这则概念延伸一下，就会发现，即便我们没有见过传粉过程，也能通过花的特征推断传粉者的类型和大小。它们正是塑造花粉的天使。

花儿的特征与传粉动物的生理特性之间有着很密切的关系。比如，花色素的化学成分（即花的颜色）与昆虫的视觉反应，虫媒花通常能反射紫外线，能被许多昆虫看见。包括蜜蜂在内的许多昆虫能接收的光谱范围都比我们人类要广，紫外光就是它们能辨别的光线之一。花蜜可吸收紫外光谱而被昆虫看见。在昆虫眼中，花粉、花蜜所在的部位往往格外显眼或者颜色更深（在紫外线下花的颜色与我们人眼看到的不同），就更能吸引昆虫找到正确的位置，从而采得花蜜，顺带传个粉。这类信号甚至可以告诉传粉者"我的花蜜还在不在，还剩的多不多"，从而减少传粉者对已传过粉（花蜜已被采食）花的访问，也就提高了传粉效率。

花的气味与传粉者的识别和行为反应之间的关系，我们平常熟悉玫瑰和百合的香味莫不如此。当然，还有很多我们人类不喜欢的味道也是为了吸引传粉者而存在，有些花会散发出诸如鱼腥味、烂水果味、腐肉味之类的臭味。比如大王花就依靠散发腐肉味来吸引腐食动物来为其传粉的。

还有个比较极端的例子，欧洲的眉兰属植物的花，不仅长得像雌性胡蜂,还能发出与雌性胡蜂性信息素极为相近的气味。大批雄性胡蜂兴冲冲地扑过来企图交配,结果配偶没捞到,倒是沾了一头的花粉!

## 花朵的专一酬谢

当然了,气味和花朵的颜色通常都只是招牌,花蜜和花粉等营养成分才是传粉者的目标。要知道,传粉者辛辛苦苦、甚至不远万里地过来帮助传粉(虽然这并不是它的本意),不给点好处怎么行呢?因此,花儿就耗费自己的能量生产出花蜜——花蜜对花儿本身并没有什么用处,但可作为对"护花使者"们的回报。

自然界中以花蜜为食的动物有很多,不同成分的花蜜吸引不同的传粉动物,除了我们知道的蜜蜂、蝴蝶、蜂鸟外,还有一些蛾子、食蚜蝇(长得就跟蜜蜂似的),甚至还有我们讨厌的苍蝇,但是并不是所有的传粉者都是吃花蜜的。

有些人可能会好奇传粉者带走了花粉,但是怎么能保证它就能准确地传到同一种植物的另一朵花的柱头上呢?是的,这并不是可以打包票的事,有的时候花粉会丢失在传粉动物飞行或奔跑的途中,或者被传粉者带到了另外一种植物的花朵上,这样这些花粉不能都完成授精的任务。

虽说,植物花粉的损失必定存在,但是植物也会挑选出合适的传粉者，只有合适的客人才能尝到花蜜大餐。比如在马达加斯加，有一种旅人蕉的花冠位于树冠下方，其花朵外坚韧的苞片只有大型动物（比如狐猴）才能打开。同时，这些植物坚挺的花序轴可以承受狐猴们的粗野动作。于是，狐猴们享用了花蜜，同时也帮旅人蕉传播了花粉，至于小昆虫们只能望花兴叹了。

旅人蕉并不是最专一的花朵，要论专一，那还得看彗星兰的传粉。达尔文在他的《兰花的受精》一书中提到了这种兰科植物，它们的花朵都有一条长达30厘米的"距"，用于存放花蜜。于是达尔文大胆预测，一定有一种长有极长的喙的昆虫，正好能伸到距的底部，吸食花蜜。而事实正是如此，确实存在一种具有长喙的天蛾，为彗星兰传花授粉。

彗星兰和天蛾天衣无缝的配合，让两者获得不少好处。首先，专一的传粉者就能大大保证花粉能传到同一种植物的不同花朵上，而不会浪费在其他种类的植物上。其次，通过学习和进化，传粉者能提高对这种特化型花的花蜜的采食效率（只需要学习一种花，当然学习效率也提高了），那么传粉的成功率也就提高了。当然，如果传粉者因为意外的环境变化缺失了，那这些花朵就该发愁了。

自然界并没有十全十美的生存法则。究竟是专一，还是开放，这并不是一个非对即错的选择题，这里面包含的生存法则值得我们每一个人思考。

## 非常问

### 有袋类动物可以传播花粉吗?

可以!有袋类动物并不是只有袋鼠和树袋熊(考拉)。蜜负鼠就是一种喜欢吃花蜜的有袋类动物,它身体小小的,嘴巴又尖又长,最奇特的是它的舌头,不仅长,而且在舌尖上有一撮毛,可以把花朵深处的花蜜刷出来。另外还有蜜袋鼯,也是一种喜欢吃花蜜的有袋类,而且还会滑翔。它们都是可以为植物传播花粉的。

# 霸道的青霉素

青霉素也许是人们最熟悉的一种抗生素，一旦发生感染，人们立马会想到青霉素（注意，发炎和感染是两个概念。感染是指细菌等微生物在人体内搞破坏，而发炎则是指人体做出的反应，比如红肿、发热、疼痛等症状。青霉素针对的是细菌，而不是缓解症状）。正是青霉素的出现，挽救了无数伤病患者。特别是在第二次世界大战中，青霉素帮助众多受伤的士兵恢复健康，一举成名。在当时，青霉素可是千金难求的灵丹妙药。不过，发现青霉素，并非人们有意为之，而是源于一场美丽的意外。

## 误打误撞的发现

1928年，英国细菌学家亚历山大·弗莱明把自己正在培养皿里培养细菌的事抛之脑后就出门度假去了。三周后等他回到实验室的时候，偶然发现一个与空气意外接触过的金黄色葡萄球菌培养皿中长出了一团青绿色的霉菌,而且霉团周围没有金黄色葡萄球菌生长,只有在离霉团较远的地方才有金黄色葡萄球菌生长。也就是说这种霉菌可以杀死和抑制金黄色葡萄球菌的生长。而后者是很多食物中毒事件的罪魁祸首,也是化脓感染中最常见的病原菌,可引起肺炎、肠炎、心包炎等。

如果是一般的研究者,很可能会将这个失败的样品扔进垃圾堆。但是弗莱明并没有放过这个细节。通过进一步研究,弗莱明发现这种霉菌是青霉菌的一种。他把这种霉菌分泌的液体叫作"青霉素",并且认为青霉素可能成为一种能应用于人体全身的抗菌药物。换作别人,可能会想:"坏了,这个培养皿被污染了,实验失败了。"但是伟大的科学家都有一个优点就是,细心观察、思考不寻常的地方,比别人想得更深一步,追

显微镜下的青霉菌

根溯源，从而找到答案，甚至获得意想不到的伟大发现。

青霉素之所以既可以杀死病菌而又不伤害人体，是因为青霉素所含的青霉烷能使病菌无法合成细胞壁，那么病菌就会溶解、死亡。人和动物的细胞没有细胞壁，所以也就不会受到青霉素的伤害。

但是，有个问题出现了，青霉菌为什么要分泌杀灭细菌的青霉素呢？其实答案也很简单，为生存，抢地盘！青霉素杀灭细菌的现象，在生态学上叫作化感作用，说白了就是发动化学战争，阻止别的生物与它争抢地盘。

## 抢地盘的战争

化感作用就好比物种之间的暴力摩托比赛，这并不是一场光明正大的比赛，期间还夹杂了拳打脚踢、往地上撒钉子等阴险的伎俩。有些植物活着的时候会分泌有毒有害物质，死了腐烂的时候也依然能释放出有毒有害物质。

化感作用的战场无处不在，可以发生在空气中，土壤中。化感作用物主要通过挥发、根的分泌、淋溶和残留物的分解来释放。

挥发物，好理解，就是直接把有毒物质挥发到空气中，很多有特殊气味的植物，比如蒿、桉树主要是通过这种方式抢占地盘和释放的（还好，当然这种味道对我们人是没什么影响的）。桉树林中很少长有其他植物，甚至变成裸地，也正是化感作用的表现。它们释放出的挥发性物质被周围植物吸收，或溶入露水进入土壤，被其他植物的根系吸收，起到毒药的作用。

植物不光能在空气中释放毒药，它们的根系也可以分泌化学武器。加拿大黄桦、美洲山毛榉等树的根分泌物中含有毒害植物的有机酸类物质。之前我们提到的狼毒花，也是通过根系分泌物能抑制其他植物的生长。

除了利用空气和土壤，植物们还能利用雨水或雾滴作战。有机酸、糖、氨基酸、生物碱等物质会溶解在水中，再随着水进入土壤，发动战争。比如银胶菊叶中的化学物质能通过淋溶作用抑制森林下层植物的生长。

即便植物死了，它们的残留物依然可以进行化感作用。这个主要是通过微生物分解而释放出来的。野高粱中的生氰糖苷基团在微生物的作用下，也可以产生抑制其他生物生长的物质。真可谓死了都要爱（恨）啊！

不过植物之间的关系也不全是相互搏杀，有时也会出现个别友爱的合作场景。比如，欧洲小叶椴的根系分泌物可以使英国栎幼苗的光合作用提高40%，辐射松的枯枝落叶产生的气体在低浓度时可以促进车轴草种子发芽。

### 如何杀死一棵大树

化感作用物对其他生物的影响途径也是多种多样的，有的是通过抑制植物对养分的吸收，从而使植物由于缺乏营养而衰败甚至死亡；有的是延缓或阻碍细胞的有丝分裂，从而影响植物的生长及其内部结构；有的则是降低植物激素的活性或使其失去活性，从而抑制植物生长；还有的增强或减弱细胞器的膜透性，从而使细胞的生理活动和物质运输发生紊乱。

更厉害的是，化感作用让植物的光合作用暂停。比如绿原酸在低浓度时就可以使植物的气孔关闭，那么植物就无法吸入二氧化碳而进行光合作用了。要想杀死一棵大树，方法可真不少。

那么这些战争行为对整个生态系统有什么影响呢？可以想象，如果某片森林有一些植物能分泌有害物质抑制其他一些植物，那么我们就能知道这种植物周围不会出现哪些植物，所以这片森林的植物组成就可以确定了。

由于植物之间相互抑制，植物之间会保持一定的间距，那么这片森林的密度也可以确定了。再如某些沙漠植物由于产生挥发性的化感作用物，在它们周围会形成一定的裸露地带，这样就使得其他物种很难侵入，就形成了群聚的分布格局。所以化感作用可以影响一个生态系统的种群密度、分布格局和物种组成。

现在由于化学除草剂所带来的环境污染等问题已日益突出，所以很多科学家想通过植物间的化感作用来找到更环保的除草剂，利用专门针对某种杂草的化感作用物来抑制这种杂草的生长，甚至杀死杂草。另外，如果是由于有一些残余的化感作用物而无法种植我们想要的作物，我们就可以研究具体是哪种物质，然后通过生化方法除掉这种物质，那么这块地又可以重新利用，种植我们想要的农作物了。

所以，虚心点，向大自然学习，我们永远会受益匪浅。

### 青霉素可以用来治疗感冒吗？

感冒其实是由病毒引起的（流感病毒、鼻病毒等），而青霉素是一种抗菌素，是用来对抗细菌的，并不能杀死流感病毒。

用于对抗病毒的药物叫作干扰素。但其实目前没有能直接杀死感冒病毒的药物，只能靠打疫苗或者自身免疫系统来对抗。

那为什么有时候我们感冒，医生也会给我们开青霉素呢？其实这是为了治疗感冒诱发的细菌感染，比如扁桃体炎，支气管炎等等。

# 生物入侵为什么那么可怕

近年来，"生物入侵"这个词已经被很多人熟知，我们听说了填满滇池的水葫芦，抢占山头的紫茎泽兰，霸占草场的澳洲野兔，还有让人闻风丧胆的杀人蜂。仿佛，我们的世界都要被这些强悍的生物统治了。但实际情况究竟是什么呢？什么样的物种才能发动生物入侵呢？所有非本地的外来生物，都能变成入侵物种吗？

## 谁是入侵者

"入侵"这个词总让人联想到暴力、危险等，所以觉得生物入侵的物种应该是凶狠的、可怕的食肉动物，其实不然，大部分入侵的物种都是不起眼的看起来无害的生物。

简单来说，生物入侵现象就是指一种不属于本地特定的生态系统的生物物种，由于人为原因或其他方式传入原产地之外的地点。然后在那里安家落户，生儿育女形成了自然种群，最终威胁到本土的生物多样性，破坏生态平衡。严重的甚至会影响社会经济安全和人类的健康。

所以，要进行生物入侵，就必须满足两个必要条件。第一，对某一个地方来说，某生物是外来的、历史上不曾在此存在过的；第二，对该地的生态系统、农林牧渔生产或者人类健康造成危害，只有这两个条件都符合，才称之为"生物入侵"。

本不该存在的生物如何到达一个全新的生存空间呢？在纯自然的环境中，生物入侵很少发生，即便有些种子可以依靠风力或者鸟类分辨传播数百千米，甚至上千千米，但是要想到达另外一个大陆却很难。人类的出现改变了这种格局。人类的出现让物种有了长距离旅行的机会，要知道船舶、飞机等交通工具上搭载的不仅仅是旅客，很多生物也搭上了便车。

黄胸鼠是一种小型啮齿类动物，本来主要分布在长江流域及以南的地方，在新疆、甘肃等地并无分布。后来，上海通往乌鲁木齐的火车通车之后，这种小动物很快就随火车扩散至新疆等地。

虽然有些生物入侵是人类的无心之失，但是更多入侵种实际上是人类主动引进的，不曾想却造成了生态灾难。在我国，最出名的例子当属凤眼莲了。当初，这种植物被作为花卉引入，后又作为猪饲料进行推广。我小时候不知道是入侵种，还觉得这种花特别漂亮，很喜欢，后来我知道这是入侵种了就开始嫌弃。

还有牛蛙，就是因为个头大、口感好等优势被引入我国进行饲养（不得不承认牛蛙确实好吃）。后来，很多牛蛙逃出了饲养池，成为湿地沼泽中的一霸。大个头的牛蛙吞噬着一切可以吞吃的小动物，从雏鸟到老鼠都不放过，大牛蛙甚至会吞食自己的小个头同类呢。

## 入侵生物的温柔一刀

那么生物入侵究竟有多可怕呢？我们还是先来看一组数字吧。

2006年3月，《联合国生物多样性公约》组织发表报告说，美国、印度、南非这3个国家受外来物种入侵造成的经济损失分别为1370亿美元、1200亿美元和980亿美元！中国农业部门经过测算，仅11种外来入侵物种给农业、林业造成的经济损失就高达五百七十多亿元，给中国造成的经济损失至少在1000亿元以上！

2003年，国家环境保护部和中国科学院发布第一批外来入侵物种名单，包括紫茎泽兰、凤眼莲、福寿螺、牛蛙等共16种；2010年，发布了第二批外来入侵物种名单，包括马缨丹（俗称五色梅，被当作园林植物）、加拿大一枝黄花等10种植物，克氏原螯虾（俗称小龙虾）、松材线虫等9种动物。截至2012年，据初步统计，我国的生物入侵种已达529种。由此可见生物入侵的危害和严重程度！

那么入侵种为什么有如此大的威力呢？有科学家提出，入侵种具有内禀增长优势。简单来说，具备这种优势的物种，如果在一个理想的条件下过着无忧无虑的生活，那里天气好、食物充足、没有捕食者、没有疾病，整个种群就会保持最大增长能力，远远超过其他物种。这种优势取决于该物种的生殖能力、寿命和发育速度，而入侵种通常就占有其中一项或两项优势。如果这三种特征都具有，那样的物种一定是在自然界中占据优势的。

但现实往往比理想残酷，天堂通常只存在于幻想之中。即便是有内在优势的物种，它们的种群的增长，还是受到各种各样的限制，那么入侵种为啥还能成功呢？科学家给出的解释就是，入侵生物恰好找到了一个非常适合它生存的环境，俗话说如鱼得水就是这个意思。那为什么土著物种就没把这块环境用起来呢？道理也很简单，由于人类的活动，使得当地生态系统变得脆弱，能够利用这些资源的当地物种数量变得很稀少甚至灭绝了。最终，环境改变恰好适合入侵物种的生存。

入侵种不仅会挤占土著物种的生存空间，甚至还会无意间引来帮凶，这就是特别的"天敌释放假说"。入侵种怎么会有这种特殊能力呢？我们先来读个小故事，在上海崇明岛上出现了很多互花米草（入侵种）。这种植物成为当地一种蛾子的食物。随着互花米草的增多，这种蛾子也多了起来，并且增长的势头比互花米草还要猛。迅猛增长的蛾子幼虫吃下了更多原来的食物——芦苇。并且，它们吃的芦苇比吃掉的互花米草要多。最终的结果是，蛾子并没有影响互花米草扩张的脚步，反而是让芦苇遭受了灭顶之灾。在一定程度上，蛾子帮助了互花米草的扩张。

生物入侵的生态后果，除了危害当地土著物种的生存、使得当地生物多样性下降，还导致生态系统的结构和功能发生变化。比如互花米草丛中昆虫种类和数量要少于芦苇丛；喜旱莲子草（生活在水面上）降低了水流速度，加剧了泥沙沉积，使得水生生境向着陆地生境的方向发展，那么原有的水生生境及

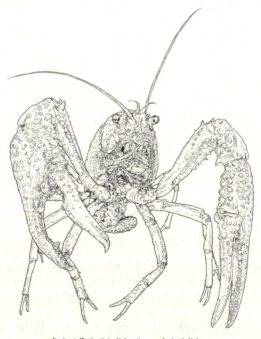

臭名昭著的"小龙虾"——克氏原螯虾

其生物物种都会发生变化，进而原有水生系统所应发挥的功能也将发生改变。至于我们前面提到了几百亿甚至上千亿的经济损失倒在其次，生物入侵造成的生态灾难更是可怕，这恐怕是无法用钱来衡量的。

## 非常问

### 吃真的可以解决生物入侵问题？

之前有大闸蟹入侵德国的报道，不少网友大呼直接吃掉不就可以解决了吗？其实不然，吃并不能从根本上解决生物入侵的问题。且不说德国人不爱吃大闸蟹，就是国人爱吃小龙虾也无法阻止小龙虾的肆虐。

虽然麻辣小龙虾几乎风靡全国，消费量惊人，但其来源主要是人工大规模养殖的虾，并没有多少是从野外捕来，且野外的小龙虾存在食品卫生风险，小龙虾依然在入侵物种名单上盘踞着。因为吃而引种从而造成生物入侵问题的不在少数，失败的引种或者饲养的动物逃逸都有可能造成生物入侵，一旦在野外形成有规模的种群，仅通过"吃"是很难消灭的。

# "不劳而获"的寄生生物

在人类社会中，我们都瞧不上"不劳而获"的个体。但是在这个世界上除了自己制造养分的植物和吃草或者食肉的动物，确实还有很多不劳而获的寄生生物。我们每个人都或多或少跟寄生生物打过交道。

我忽然就想到了小时候吃的打蛔虫的药丸，相信不少人与我有相同的经历。寄生虫确实让人厌恶，甚至让人觉得有些可怕。但是从生态学角度来说，寄生生活却是一种非常有趣的现象。

## 寄生无处不在

事实上，寄生生物远比我们想象得多得多。从原生动物到节肢动物再到脊索动物，动物界的每个门都有寄生种类。在植物中也有像菟丝子这样靠寄生生活的物种。至于病毒、细菌、真菌就更不用说了，很多种类就是靠动物和植物才得以生存。

不妨上下打量一下自己的身体，这可是一个一百多种寄生虫能够进行繁殖的场所啊。蛔虫、绦虫、蛲虫、疥虫、螨虫、弓形虫、血吸虫都可以寄生在这里。

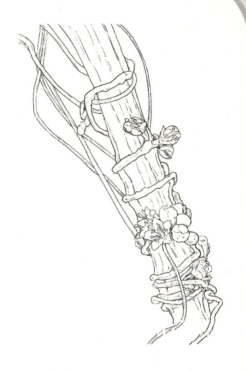

那么寄生生物起源于何处呢？目前这个问题并没有非常明确的答案，但是许多间接证据表明，提前适应能力是适应寄生生活的重要因素。所谓提前适应能力就是未雨绸缪，提前积累了大量的基因突变和其他遗传改变，一旦到了需要适应的特殊新环境，就如鱼得水，能很好地适应新环境，并出现相应的变化。

当然，必须说明的是，基因突变是没有方向性的，这与未雨绸缪是有区别的！未雨绸缪是知道要下雨了然后准备好雨具，但是突变是没有方向性的，没法预知会遇到什么样的环境，会向什么方向进化，但是多准备点儿准是没错的，有备无患嘛。

举个有点恶心的例子，在蛮荒的古代，我们的曾曾曾……曾祖父——原始人还是吃腐肉的（其实大部分的食肉动物还是无法抵制腐肉的诱惑，毕竟是顿免费的午餐嘛）。腐肉里可能会有一些以腐肉为食的节肢动物，而节肢动物的体内有蛲虫。于是，原始人在吃腐肉的过程中就把蛲虫也吃进去了。有一些蛲虫在人体内顽强地生存了下来，它们适应原始人肠道系统高温、强酸、缺氧环境。渐渐地，这些蛲虫就能演化出更多适应新环境的生理或形态特征了，最终与原来生活在节肢动物体内的那些蛲虫祖先分道扬镳，成为两个物种。

## 为寄生而生

还是以人体内的寄生虫为例，我们的体温恒定，并且对多数非恒温动物来说都是高温环境，我们的消化道里，有酸性很强的胃酸，有消化酶，有不停蠕动的小肠，并且含氧量很低，为了适应这种环境，寄生虫们进化出了许多不可思议的本领。

为了不被蠕动的肠子排出去，许多寄生虫进化出厉害的吸盘和钩子；为了抵御消化酶，有些寄生虫可以分泌一些物质来中和消化酶，同时还能不断分泌外被角质层，来补充被消化的部分（这是边被消化边长肉的策略啊）。

另外，人体的免疫系统也是非常厉害的。为了不被免疫系统攻击，寄生虫通常会采取两种手段，一是"伪装"，即分泌出某种物质，让宿主识别为"自己"，以为是自身的组织，从而蒙混过关；另一种则是互相对峙，从战争中求共存，寄生虫不会让宿主死亡,宿主也不会采取强硬措施消灭寄生虫。

在长期的斗争过程中,寄生虫也做出了许多形态上的改变。它们的感觉系统和消化系统都退化了。道理很简单,因为用不上啊。动物体内黑暗,并且没有天敌和危险,所以感觉系统没啥用处。寄生虫吃的都是宿主已消化或半消化的食物,所以消化系统也派不上用场。

但是,为了繁衍后代,它们的生殖系统可都是超级发达,据估计,牛带绦虫每年可产卵 $15×10^7$ 个,足足是自身体重的300倍!这是因为寄生虫有非常复杂的生活史,很多寄生虫不止一个宿主,会有几个中间宿主和终末宿主,能接触和感染到宿主的后代并不多,所以必须多多产生后代,才能保证足够的后代有数量大大新的宿主,以保证种族的延续。

## 寄生虫的温柔和残暴

通常来说,寄生虫都不会导致宿主迅速死亡(但是有可能把宿主变得面黄肌瘦),因为这些家伙还要以宿主消化液为食呢!宿主死了,没有捕食能力的寄生虫也难逃一死。不过,并非所有的寄生虫都会这么温柔。

寄生蜂的寄生过程就显得残酷许多。寄生蜂妈妈们会把卵产在毛虫(鳞翅目昆虫的幼虫)的体表或体内。卵孵化出来以后就以宿主的身体为食,直至宿主死亡。不过寄生蜂显然不担心寄主的生死，它们的成虫有自己捕食的能力。吃饱喝足，翅膀硬了，就可以自己去找吃的了。

不得不提的是，寄生虫能够改变宿主的行为。蟑螂被某种寄生虫感染后，会喜欢在光下活动，而通常蟑螂喜欢在黑暗中活动。这样一来，蟑螂就更容易被捕食，那么这些寄生虫就可以通过消化道进入下一个宿主的体内，以完成其生活史。无独有偶，寄生在螳螂体内的铁线虫可以让宿主螳螂跳水自杀，一旦螳螂入水，铁线虫就会冲破螳螂的体壁，钻入水中进行产卵。孵化出的幼虫会进入小型昆虫体内，当小型昆虫被螳螂捕食之后，幼虫又有机会进入螳螂体内发育了。于是，新的跳水剧目再次上演。

这些听起来是不是有点像科幻片里的外星生物入侵，控制地球人的行为？说不定作者就是根据寄生虫的这个特点来编写剧情呢。

这样看来寄生生物对宿主是百害而无一利，那么寄生虫为什么能够存在呢？宿主为什么没有演化出完全抵制寄生虫的能力呢？答案就是，寄生虫对宿主具有种群调节的作用。就如同人口的无限增长，某一个种群如果无限制发展，数量越来越多，那么食物、栖息地等资源就会消耗殆尽，那么这个种群最终也会走向消亡。当宿主繁殖率非常高的时候，寄生虫也会大量繁殖，并且高度聚集，迅速增加的寄生虫会引起宿主的大量死亡，寄生虫还会影响到宿主的繁殖能力，使其数量下降。这样一来，就可以让宿主种群不致无限制增长。当然在长期的进化过程中，宿主和寄生生物形成了一种稳定的、动态的平衡。

## 非常问

### 僵尸蚂蚁究竟是怎么回事？

僵尸蚂蚁是一类被真菌感染了的蚂蚁，它们一旦被感染，就会变成行尸走肉，被真菌控制着它们的行为。

这是因为真菌在蚂蚁体内释放化学物质，控制了蚂蚁的大脑和肌肉。僵尸蚂蚁通常会离开蚁群，独自在外游荡，爬到适于真菌释放孢子的地方。真菌就从蚂蚁的尸体中生长出来，产生孢子，孢子再开始寻找下一个宿主。

# 植物的反抗

看到这个题目,有同学可能会奇怪,植物也能反抗吗?它怎么进行反抗?对它们来说,连移动都是个问题!

当然了,植物不能像动物那样打架攻击,但是植物们也有自己的秘诀。

很多动物都是吃草的,但是植物们可不会乖乖就范、坐等被啃光,安静的植物们在漫长的进化过程中也发展出了种种防卫机制,暗暗对付着以它们为食的动物们,一场场没有硝烟的战争以并不引人注意的方式进行着。

## 穿上盔甲和头盔

为了对付动物们的啃食,植物在身体上装了棘和刺,用来对付大型的脊椎动物。比如荒漠中,由于植物少,仅有的一些植物就成为食草动物们就是刨到根也要吃的食物,这对植物的破坏是很大的,所以荒漠中很多植物都有刺。比如仙人掌、骆驼刺和锦鸡儿。

只要我们稍加注意，就发现植物身上的刺形态大小、生长位置都完全不同，实际上，很多刺的来源都是不同的。有的刺是树皮变来的，只要把植物外皮剥下，它们就完全脱离了植物

茎秆，这种刺被称为皮刺，月季和玫瑰的刺就是皮刺的典型代表。有的刺是由枝条变态而来，比如皂荚树的尖刺就是典型茎刺，即便剥去外皮，茎秆上仍然留着茎刺的内芯。不管是皮刺还是茎刺，都是植物为了生存准备的武器，这种现象有个专门的名字叫趋同进化。

不过，植物准备的这些武器似乎对一些动物并不管用。比如在非洲稀树草原上的金合欢就准备了很多尖刺，但是长颈鹿和长颈羚似乎并不在意这些尖刺的干扰，它们灵活的舌头可以很轻易地从尖刺之间搜寻到多汁的嫩叶，或者干脆连尖刺一并扯下，用牙齿通通磨碎。反正这些刺也对它们的嘴巴和皮肤无可奈何。

还好，不是所有的动物都有长颈鹿这样的绝技。植物们面

临的威胁，更多的是来自小个头的昆虫。于是，更厉害的化学武器出场了。

## 立竿见影的毒剂

在西南地区，我们在路边经常能看到一些长得像小茄子一样的植物，但是这些茄子却是致命的——颠茄，其产生的阿托品是一类最毒的毒素，如果人摄入颠茄碱剂量过大时，可引起视觉模糊、分泌闭止、血管扩张、高热、兴奋、激动和谵妄，严重时可以致死。但需要注意的是，颠茄碱也是一种抢救中毒、休克等病人时所用的急救药，特别是对于阻止某些神经毒剂的扩散有重要作用，在电影《勇闯夺命岛》中，主角在遭受VX神经毒剂侵袭的时候，就用颠茄碱针剂救了自己一命。话说回来，很多时候，药与毒药只是剂量的差别。

与颠茄相比，毒箭木要凶狠许多。它还有另外一个名字"见血封喉"，光听这名字就觉得很可怕了。它的乳白色汁液中含有剧毒，如果我们恰好有个小伤口接触到的话，就会心脏麻痹、血管封闭、血液凝固，以致窒息而亡。

还有很多我们身边的观赏园艺植物也不容小觑，如夹竹桃（叶、花和树皮均有毒）、水仙（鳞茎有毒）、八仙花（全株均有毒）也会有毒，所以即使是我们常见的植物也不可以掉以轻心，随意接触或食用，在野外更不可以随便采野菜吃。我可不是为了吓唬你们，有毒的植物数不胜数，但是对于植物本身而言却是保护自己的利器。当然，植物们必须在腺体、液泡、乳汁或树脂中储藏好这些毒素，以免毒到自己。还有一些毒物在植物中是以前体形式储藏，只有当动物吃掉、发生代谢变化后才转变成毒药，真是够绝的。

### 慢性毒药的温柔一刀

慢性毒药就没急性毒药那么可怕了，但是个人觉得这是一种更狡猾的方式。因为这些"慢性毒药"能在食草动物体内不断积累并抑制食草动物对食物的消化，在不知不觉中发挥作用，让动物们"越吃越饿"。丹宁（也写作单宁）就是这样一种化学武器。

丹宁本身是无毒的，但它有累加效应。丹宁分为两类，可水解丹宁和缩合丹宁，可水解丹宁能使食草动物（尤其是昆虫）的消化酶失去活性，无法消化食物。缩合丹宁则更像植物细胞的化学铠甲，因为它们的存在，反刍动物胃肠道里面的微生物就无法分解细胞中的纤维素，这样一来，反刍动物就失去了消化食物的能力，结果可想而知。此外，丹宁是很多植物的常备武器，在大麦、蚕豆、野豌豆和三叶草中都有丹宁分布，还有我们常吃的一些水果，如柿子、葡萄、桃子、石榴、山楂等，所以这些水果不宜多吃。

慢性毒药不仅会影响动物本身，甚至会影响到它们的繁殖。例如冷杉中含有昆虫激素的衍生物，这些物质能在昆虫吸收后阻止幼虫正常蜕变为成虫，这样冷杉以后被昆虫伤害的可能性就变小了，因为昆虫的数量少了。

通常来说，长寿的高大的植物比较容易被发现，所以它们一般使用的是慢性毒药，主要针对长期专门吃它们的动物；而短命的杂草，可能长期不会被动物发现，它们往往使用的就是烈性毒药，针对并没有特殊食物喜好、啥都吃的动物。当然，这个规律不是绝对的，生物学界唯一通用的定律就是任何通用定律都有特例存在。

## 怪招迭出

这可是一种很高级的防卫方法了，我打不过你，我就释放能吸引你天敌的物质，引来你的天敌对付你。这算是植物们的狠招了，这不仅是要阻止食草动物来吃自己，更是要致它们于死地啊。例如菜蚜茧蜂对正常小麦和甘蓝叶片的气味没有反应，但如果小麦和甘蓝被蚜虫吃过之后，就会释放某种化学物质，吸引菜蚜茧蜂前来。

最后，再说明一点，植物防卫用的化学物质或物理结构（如刺儿），并不是时时刻刻都带在身上的，因为产生这些武器毕竟需要消耗能量，很多时候，这些武器只在需要时才产生（如被虫子咬了），这被称为"诱导防卫"。遭锯蜂和树蜂危害过的松树会产生新的化学物；人工受伤的马铃薯和番茄能增加阻碍消化的物质；荆豆顶端的枝条如果被美洲兔啃掉，它的枝条中就会积累更多毒素，变成兔子不能吃的，并且这种保护可延续两到三年。

除去上述主动防御的方式，植物还有保命的手段。这些植物的生存哲学很特别——与其与动物作战，还不如多结点果子，喂饱你，你的食量总不是无限大的吧，你吃饱了拍屁股走人，我也还剩很多果子来延续我的生命。这种方法虽然有点笨，但"舍己为人"的精神还是值得赞扬啊。例如山毛榉，在大量结果实的年份只有3.1%的种子被一种穿孔蛾毁坏，而在非大量结果实的年份，则有38%的种子被吃掉，这很好理解嘛，一个分数的分子不变（穿孔蛾的数量一定，所吃的果实数量一定），分母增大（结的果实增多），分数的数值自然会变小了。

看完本篇，你是不是对植物有了全新的认识呢？植物不再是呆板的、逆来顺受的了，它们在与食草动物的长期斗争中以各种方式进行着反抗，这也是大自然的魅力，总是能让你惊叹生命的神奇。

## 非常问

### 鹤顶红真的是丹顶鹤头上的红顶吗？

我们都知道丹顶鹤头顶有一块很醒目的红色斑块，也因此而得名。很多武侠小说中会出现名叫"鹤顶红"的毒药，名字乍一听上去会让人联想到丹顶鹤的红顶。但实际上丹顶鹤的红顶就是一块裸露的皮肤，因为体内性激素的作用而呈红色，尤其在发情季节，颜色会更鲜艳。那么"鹤顶红"到底指的是什么呢？是红信石，是三氧化二砷的天然矿物，因含有杂质而呈红色，加工以后就是古人常用的毒药"砒霜"。

# 父母和孩子一定相互认识吗

我时常听周围的人抱怨自己的脸盲症又严重了，新来的同事、隔天饭局上的朋友完全记不住。不过，再脸盲的人也会清晰地识别自己的父母和子女吧。

父母和孩子的认同感似乎是天生的。我们还在妈妈肚子里的时候就能分辨妈妈和陌生人的声音。当然，我们还可以通过五官和脸型等面部元素的组合进行个体识别。而且人类非常擅

于辨别不同的脸孔，加上声音、走路姿态，甚至只是走路声和身形轮廓这些信息，我们就能建立起父母和子女之间的识别联系了。

可是，大家有没有想过，动物们是不是也这么聪明呢？它们认识自己的父母吗？

## 血浓于水

且不说认不认识，不少昆虫根本就没见过自己的父母，因为许多昆虫产完卵就会死去，比如蜉蝣、蝉，还有大马哈鱼也是如此，千里迢迢逆流而上去产卵，产完卵后就会死去。当然，这是比较极端的情况。很多情况下，动物父母和孩子还是有机会见面的，并且孩子能得到父母很好的照顾。那么识别出自己的父母或者孩子就很重要了。

俗话说"血浓于水"，在人类中如此，在动物界也是如此。我们可以观察到动物对待亲人和陌生人是不同的，比如工蜂和蜂王。从社会关系上看，工蜂和蜂王是辛勤的工人和女王的关系，而从遗传学的角度看，它们却是姐妹关系。所以，工蜂其实帮助的是自己的姐妹，而不会去帮助其他蜂巢的没有亲缘关系的蜂王。这就说明动物能够识别自己的亲人。

需要说明的是，这种在行为上的亲缘识别，更准确地说叫"亲缘辨别"。就像你看到一个人，首先需要辨别出这个人你是否认识，以决定接下来是打招呼还是擦肩而过。

## 决定父母的"第一眼"

那么动物究竟是通过什么方法认出自己的亲属呢？

首先，空间位置和分布是个良好的线索。也就是通过分布地点来辨别，在某一个特定地点出现的就是自己的亲属。大家都知道大杜鹃会把卵产在芦苇莺的巢里，而芦苇莺也无法辨别出自己的卵和大杜鹃的卵，从而做了大杜鹃孩子的"乳娘"。这就是因为芦苇莺只通过空间位置来辨别亲属，在自己巢里的就是自己的孩子，哪怕后来大杜鹃长得比自己还大。这种辨别机制虽然省时省力，却也给了他人以可乘之机。也有科学家认为，这并不是一种真正意义上的辨别机制，因为动物们把在特定范围内遇到的同类都视为亲属，而不管是否有遗传上的亲缘关系。

当然，是不是熟悉，先前有没有联系也是动物判断亲缘关系的依据。简单来说，就是混熟脸。印记行为的同类行为是最典型的例子，许多动物出生后会把第一眼看到的活物当作母亲，哪怕是人。所以动物行为学鼻祖劳伦兹能够成为一群小灰雁的"妈妈"，无论他去哪儿，小灰雁都会一路跟过去。

这样说起来，动物们似乎很傻。其实，这都是在特定环境下产生的结果。通常来说，鸟类妈妈（爸爸）从小鸟们出壳起就一直陪在它们身边，直到小鸟们羽翼丰满，几乎寸步不离。所以，就用不着再去发展出特别的识别机制了。当然，有些动物确实有更复杂、更高级的识别能力。

## 认亲的神秘线索

与芦苇莺不同，崖沙燕父母通过幼燕的叫声来辨别自己的孩子并准确地将食物喂给它们，也会驱逐陌生的幼燕。这些动物主要是依赖两条线索来识别亲子关系的。

有些动物会利用一些特征来建立一个模板，符合这个模板的就是自己的亲属，不符合的则是陌生人。这些特征可以是气味、羽毛的颜色或特殊的记号等等。这个模板特征来源于父母、兄弟姐妹或者是自己，因为亲属之间有基因上的关联性，所以会有某些相似的特征。这个特征是动物在早期发育过程中通过学习而获得的，所以如果后来与其他家庭混养，它们依然能够辨别自己的亲属。

更高级的识别，还出现在等位基因上。那么即使以前并没有接触过动物亲属，也可以辨别出来。这个识别等位基因可以让亲属间有相似的一些特征，还可以赋予动物辨别亲属的能力。识别等位记忆是动物一种天生的能力，并不需要通过学习而获得。

这些机制可以单独起作用，也可以共同作用。一般来说，水生动物的亲缘辨别依赖于水中传播的化学信号；鸟类依赖于固定的遗传信号（如羽毛的颜色）或可变的信号（如鸣叫声）；大部分昆虫和哺乳动物则是通过嗅觉信号来识别亲属的。

### 认亲，事关生死

那么动物们为什么要大费周折地去识别自己的亲属呢？

首先，我们知道近亲繁殖是不好的，动物们识别出亲属和非亲属，从而就能避免近亲繁殖。其次，在许多动物中存在利他行为，表面上是在帮助他人，其实是在帮助自己的亲属，帮助与自己有部分相同基因的亲属，从而把自己的基因传递下去。

现在再来看标题的问题，父母和孩子一定相互认识吗？答案是，不一定。例如上文提到的芦苇莺，就无法区别自己的卵和大杜鹃的卵；刚出生的大灰雁把第一眼看见的劳伦兹当作"妈妈"，而无视生物学上的妈妈。

我曾经参与过这样一个实验，把刚孵化出来的克氏原螯虾（即我们平时所吃的小龙虾）的小虾放入Y型水迷宫中，迷宫两端分别放入它们的母亲和陌生母虾，小虾们明显地会向自己的母亲跑去。但是反过来，母虾却并不能辨别出自己的孩子，因为母虾在洞穴中接触的多为自己的孩子，接触其他小虾的概率很小，如果进入其他小虾，它也会当作自己的孩子进行照顾，也就是说小龙虾是通过空间分布来辨别母亲的。还有研究表明，如果把幼虾与母虾分离2天后,母虾就会吃自己的孩子(它已经不认识孩子了)。这说明,小龙虾也有第二种辨别机制。

这么看来,认不认识亲属朋友不仅仅关系到社交关系,甚至事关生死,对于物种的繁衍意义重大。脸盲真的是性命攸关的事情啊!

### 大杜鹃会自己孵卵吗?

大杜鹃自己不会做窝也不会孵卵,它把卵都产在别的鸟巢里,除了大苇莺,还产在灰喜鹊、伯劳、棕头鸦雀等好多种鸟的窝里,由他人全权代理,而大杜鹃自己根本不会花费半点精力去孵化以及照顾幼鸟。而且大杜鹃在别人窝里产卵的时候,会衔走窝里的一枚卵或者将窝里先前的卵都推出去,从而保证自己的卵能得到更多的照顾。大杜鹃幼鸟孵出后也跟妈妈一样"自私",会把窝里养父母的孩子都推出去。大自然中,除了大杜鹃外,还有八十多种鸟有巢寄生的现象。

# 小龙虾的钳子不仅肉多，更会打架

小龙虾好吃，小龙虾更好玩。我曾经研究了三年小龙虾，当然不是关于清蒸还是红烧，而是关于它们的行为。

## 小龙虾大钳子

小龙虾不是龙虾，它们跟真正的那种澳洲大龙虾属于同一科。小龙虾的中文学名是克氏原螯虾（为啥强调是中文学名？因为通常学名指的是拉丁学名），属于螯虾科，而真正的龙虾是龙虾科虾的总称。它们的区别并不在于个头的大小，而在于钳子——小龙虾有大钳子，而龙虾没有。

好，说到钳子了，我们就再说说跟钳子有关系的事——打架。小龙虾天生就带一对大钳子，尖锐又有力，不用它来打架那用来干啥？这些小家伙生性好斗，只要靠近，它们就会举起钳子，摆出一副气势汹汹的样子。哪怕你对它而言是一个庞然大物，它们也丝毫不退缩。如果再靠近它们，就会领教钳子的威力，轻则破皮，重则流血。

可是小龙虾为何生性好斗？它们打架的目的又是什么呢？

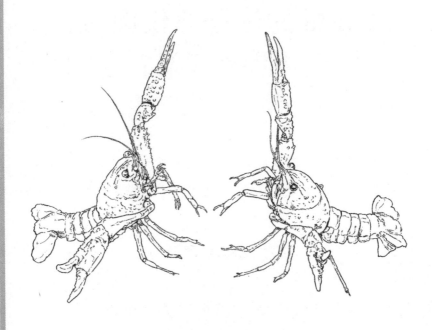

### 打架排座次

对于拳击手，打架是一种爱好，是一种职业，但小龙虾可不是拳击手，小龙虾是一种社会性动物，它们打架除了保护自己、威胁敌人以外，更多地是为了确立社会等级序列。

所谓社会等级序列，说白了就是弄清谁是老大，谁是老二。如果大家看过黑帮电影，就知道黑帮里都会有个老大，然后是老二，再是众小弟，这样做有什么好处呢？对，小弟们对老大都毕恭毕敬，老大说什么小弟就做什么，很威风。但是动物们可不是为了威风，而是因为这样的结构会更加稳定。

在一个相对封闭的社群中，各成员都彼此认识，小龙虾就可以通过尿液闻出对方是比自己等级高还是等级低，这样相遇时就会减少不必要的竞争。也就是说，当等级低的个体遇到并认出了比自己等级高的个体，就会想起："啊，我以前输给它过，我打不过它，那么我就乖乖闪一边去，免得又被痛扁一顿。"这样就会减少不必要的能量消耗。要知道打架可是很费力气的，自然界可不是水族箱，那里的动物吃都可能吃不饱，哪还有多余的精力去打架。这样的社群结构比较稳定，不然纷纷内斗，还怎么维持下去？

关于小龙虾打架，还有几个很有趣的现象。首先，小龙虾主要是靠嗅觉来彼此交流的，它们可以闻到对方尿液的味道。并且，小龙虾可以通过摆动身体来产生和控制水流，好让自己的尿液往特定的方向流去——流向竞争者。如果破坏掉小龙虾的嗅觉或者把双方的尿液都移走，就会使两者打架的时间和激烈程度都增加。这是因为尿液会影响小龙虾的进攻行为和社会行为。

第二个有趣的地方是，打架过后，就会产生成功者和失败者（当然也可能出现平局，这里就不讨论了）。那么成功者会有成功者效应，失败者会有失败者效应，也就是说，第一次分出胜负的个体再次相遇，成功者成功的几率会加大，失败者失败的可能性也会增加。即使它们都遇到不具有社会经验或者被隔离14天（基本忘了以前的打架经历）的小龙虾并分别开始打架，那么成功者获胜的几率会更大，失败者失败的几率也会更大。其实，我们人也会这样，一次考试成绩很好，那么就有了信心，下次考好的可能性增大（当然也会出现骄傲而导致更差的情况，但动物不会骄傲）。经常考试不及格的同学心里受挫、失去信心，那么下次考试仍然不及格的可能性也会加大。成功者效应和失败者效应在第一次打斗中确立，在以后多次的循环打斗中不断加强巩固，最后形成固定的效应模式。

但是呢，老大不会当一辈子老大，许多内部和外部的因素都会影响到小龙虾社会的等级序列，比如有一只又强壮又有经验的外来小龙虾的入侵，原有的等级序列就会发生改变，甚至逆转。

## 强者的好处

当上老大有很多好处，可以占有更多更好的食物，住在最好的地方，拥有众多"美女"，看起来好处都偏向了它。但实际上，老天是公平的，因为它需要消耗大量的精力去打败挑战者、入侵者才能坐上老大的宝座，这些资源就是对它所消耗的能量的补偿。大自然优胜劣汰，这种强壮的、适应能力强的动物个体才会拥有更多的后代，将它优秀的基因更多地传递下去。

那么好处都让等级序列高的动物占去了，等级低的动物存在的意义是什么呢？因为一切事物都在发展变化中，弱者逆袭成功也是有可能的，并且它可以向群体外发展，开辟新的天地。另外，很多群体中社会等级是按长幼顺序排列的，那么年幼的动物总有长大的一天，所以原来等级低的动物就会升级成高等级的"掌权者"。

其实，动物们之间拼个你死我活的情况是比较少的，因为这样太消耗能量，并不划算，所以进化出了仪式化进攻行为。仪式化进攻行为是指动物的进攻行为在进化中演变为一种既能决定胜负又能减少伤亡的固定仪式。比如经过激烈的战斗确立下等级地位之后，高等级的小龙虾高举钳子，昂首挺胸；而低等级的小龙虾向后弹尾（大家都见过小龙虾逃跑的样子吗？），这样不用缺胳膊断腿就能维持社会等级序列了，不然每次相遇都真刀真枪的也实在是太累了。前面所说的尿液所影响的社会行为，指的就是这个高等级和低等级的小龙虾所表现出的仪式化行为。

现在大家是不是对小龙虾又有了新的认识？如果有兴趣也可以在吃之前观察一下它们的打架行为哦。

## 非常问

### 虾中的搏击冠军是谁?

要说最会打架的虾,非螳螂虾莫属了,它们的钳子与小龙虾有所不同,而跟螳螂更相似,所以叫螳螂虾。它们"出拳"的速度和力量都大到惊人:速度竟然高达12米/秒~23米/秒,跟子弹射出枪口的速度相当了,而且这一切是发生在水中的。水的阻力也是很大的,速度如此之快以至于我们肉眼根本看不清它的出拳动作,只能借助于高速摄影机拍摄后慢速回放。"拳"的力量也高达1500牛顿。所以它一拳能轻易敲碎其他甲壳动物的壳,甚至在小鱼身上击出一个洞来,是当之无愧的"拳王"。

# 物种是什么

如果问一个人："你认识哪些种类的动物？"大家通常会说认识兔子、狼、狐狸、猫头鹰、螃蟹……但其实这些名称并不具体指某一种动物（注意啦，这里的"种"指的是生物分类学中的最小分类单元），都是种以上分类单元的某一类动物的统称，如兔子是兔形目兔科所有动物的统称，兔科下面有11个属45种兔子。但如果你不是生物分类学专业的，是否能准确地说出某种动物的"种名"也无关紧要啦。

## 分家门认种类

在这里，我还是要简要介绍一下分类学的基本知识，最大的分类单元是界，如动物界和植物界，然后从大到小依次是门、纲、目、科、属、种，这是最基本的分类单元。它们之间还有一些分类，如科之上还有总科；种下面还有亚种。如我们平时爱吃的小龙虾是动物界无脊椎动物门甲壳纲十足目螯虾科原螯

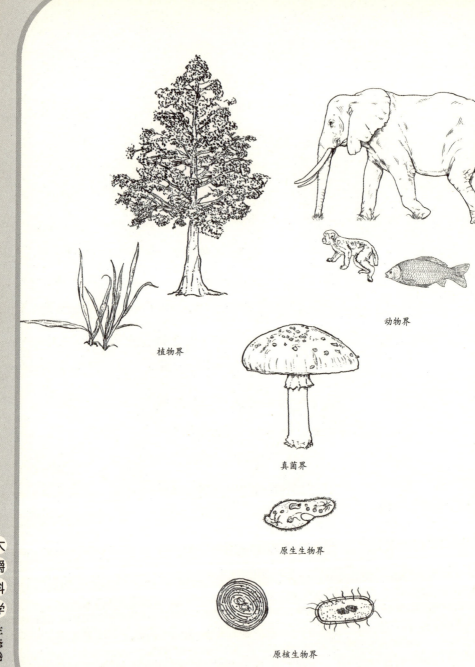

虾属克氏原螯虾（种）。

那么（物）种的意义是什么？这个从它的定义就可以看出来：物种是互交繁殖的相同生物形成的自然群体，与其他相似群体在生殖上相互隔离，并在自然界占据一定的生态位。也就是说同一物种的生物个体之间可以交配并繁衍后代，而与其他物种的生物个体则不可以。有人可能会说，那马和驴产生了后代——骡子啊，那马和驴是同一物种吗？这里的"繁衍后代"指的不是仅产生一代后代，而是可以世世代代将香火传递下去，而大家都知道骡子是没有生育能力的。

追根溯源，地球上所有的生物都起源于同一个祖先，那如今丰富多彩的物种是怎么形成的呢？

## 新物种是怎样诞生的

关于这个问题，目前最广为学者们接受的是地理物种形成学说，物种形成的过程大致分为如下三个阶段。

第一步通常是发生了地理隔离。也就是，同一个物种的不同群体被高山、大河、海洋等等地理障碍分割开，从而使得个体间无法相遇，也就无法繁殖了。澳大利亚的生物如此独特，并保留了很多原始的有袋类动物，就是因为它与其他大陆因海洋相隔，形成了相对独立的环境。

第二步就是独立进化，也就是说上面说的不同群体老死不相往来，长时间互不干扰，并适应各自不同的环境，在这个适应环境的过程中，不同的种群就会产生不同的特征，渐渐变得越来越不一样。

经过地理隔离和独立演化，就来到最重要的第三步——生殖隔离机制的建立！一旦形成了生殖隔离，即便是地理屏障消失了，两个种群的个体可以再次相遇，但因为已经产生了不同的特征，使得这两个种群之间无法繁殖后代，那么这样就完全形成了两个不同的物种了。

当然这个过程是相当漫长的，一个人的有生之年是不太可能看见的（除了病毒这种变异奇快的生物）。同时，有些物种的形成也可能是在同一片区域发生的，比如，美洲的一种叫沟酸浆的植物，它们会开不同颜色的花朵。红色的更吸引蜂鸟，黄色的更吸引大黄蜂，如此一来，这两种沟酸浆的花粉就不再交流了，也就没有居于中间的橙色花朵。于是，在同一地域就出现了两个不同的物种。这也是一种特殊的生殖隔离。

## 不能交配的隔离

那么这个"生殖隔离"是什么？究竟出现怎样的现象就没法儿繁殖了？为什么就没法儿繁殖了呢？除了之前提到的地理屏障的分隔，另外在动物的生理、行为上，也还有很多障碍。首先，生殖时间（季节或一天的时间）可能不同，即一方在状态，而另一方不在状态。其次，表形上存在差异，即体形大小和求偶方式不同。如果一只雄性大苇莺向一只雌性麻雀大唱情歌，"不解风情"的麻雀是不会动心的。再者，即使来自两个物种的卵细胞和精子相遇，也可能无法融合在一起。

以上四种情况是合子前障碍，即精子和卵细胞结合前的障碍，还有合子后障碍，分为三种：杂种不活性，比如牛蛙的卵和豹蛙的精子不但能融合为合子，还能发育一段时间，只是不久后就会死亡；杂种不育性，比如马和驴的后代——骡子是没有生殖能力的；杂种破落，即第一代杂种是能存活且是能育的，但当这些杂种彼此间交配或与任一亲本交配，其子代就是衰弱或者不育的。

但现在越来越多地发现，自然界也存在不同种动物之间求偶、交配的现象。这让许多人开始质疑"物种"的概念和意义，不同物种间的界线似乎变得模糊起来。但是进一步研究发现，不管怎样，这种发生在不同物种间的生殖行为对至少其中一种是不利的，会减少它们繁殖后代的机会。因为尽管存在这样的现象，生殖隔离仍然是存在的，这样独特的个体只是凭空浪费感情，也产生不了后代。这些家伙根本没有分清楚，求偶或交配的根本不是自己的同类！

## 不断演替的分类标准

那么如何划分不同的物种，即如何分类？总不能把两只动物拿来交配看能不能产生可繁殖的后代来界定它们是不是一种动物吧。实际上，分类学体系是一个很庞杂的体系：有根据外部形态的异同程度来划分的，有根据染色体数目的异同来划分的，有根据血清反应来划分的，还有依据现代分子学手段来进行分类的等等。分类学家是非常令人钦佩的，能认识并鉴别那么多物种真心不是一件容易的事。

值得一提的是，分类学实际上也是对物种历史的探索，即一个物种祖先是谁，如何一步一步进化成现在这个样子等等。分类实际上就是对不同物种间亲缘关系远近的梳理，远可以远到亿万年前，生命之初，大家都是一家人，随着时间的流逝，物是人非，渐行渐远，就开始分了家。如果把物种进化的过程形象地比喻成一棵树，那么它从最初的树干开始渐渐分叉，分枝越来越多。同一个树枝分出去的小细枝间的亲缘关系比不同树枝分出去的细枝间的亲缘关系要近，这很好理解。但要理清这些亲缘关系，完整地描绘出进化树种却不是那么容易的。

## 非常问

### 品种是什么？

我们经常可以听到这是某某新品种的苹果，这个品种的葡萄酿的红酒特别好喝……还有我们通常所说的哈士奇、萨摩耶、金毛寻回犬也都是狗的不同品种。

品种也是种下面的一个分类单位，与亚种类似。但是品种指的是人工养殖或培育出来的，有共同种内来源和特有的一致形状，其遗传性稳定，并且具有较高经济价值的一类生物。

# 为生存而战

# 孤独患者

养过汪星人和喵星人的小伙伴们都知道,汪星人更喜欢亲近人类,总是在你开门的那一刹那就热情地扑上来,而喵星人总是显得那么高冷,究竟什么时候撒娇,什么时候示好,那要看心情。

有人会说这是因为狗狗天性热情忠诚,猫咪天生孤僻冷漠,那么这天性究竟来自哪里呢?本篇就来说说独居动物,我称它们为"孤独患者"。因为它们确实从骨子里都散发着孤独的气息,独自猎食,独自逡巡,一生除了交配和抚育孩子(雌性和部分雄性)都是茕茕孑立、形影相吊。

## 群居有风险

狗是犬科动物,犬科动物大都是群居动物,如狼、鬣狗、豺,由狼驯化而来的狗,自然保留了不少狼的群居习性;家猫是猫科动物,猫科动物都是独居的动物(除了非洲狮),除了交配季节，一生都独来独往。

　　独居还是群居，这是动物的一种生活策略，我们人类就是典型的群居动物，或者说社会性动物，所以我们自然会觉得那些独来独往的动物们多孤独多可怜啊，但是人家自己可不这么想。对于社会性动物来说，社会生活也是有一些弊端的，那么反过来这就成了独居生活的优点。

　　首先，一个小环境中动物数量越多，那么可想而知，竞争也会越激烈，包括竞争有限的食物、巢穴和配偶等等。宅泥鱼是一种社会性小鱼，大约由5条~35条鱼组成，生活在世界上最美的地方之一——澳大利亚大堡礁泻湖中的鹿角珊瑚之间，看长相，还有点像著名的小丑鱼。它们的觅食方式很有意思：它们会张开嘴迎着流过珊瑚的海水水流截获漂浮在水中的浮游生物，个体较大的社会地位比较高的鱼就在水流的上游优先取食，什么好的食物都被它先挑走了。那些小的社会地位低的就只能在下游吃别人吃剩的食物。这样久而久之，小的社会地位低的鱼就营养不良，影响到它们的生长和发育。那么独居的动物就不存在这种问题了，在它的领域范围内，所有的资源都是它自己的，没人跟它抢，没人跟它争，岂不爽哉。

　　其次，社会生活会增加疾病和寄生生物传播的机会。这个也好理解啊，就拿人来说，人口密集的大城市，流行病扩散速度和影响范围就会比人口稀疏的乡村大。所以对独居动物来说，疾病和寄生虫病的困扰就会小很多。单从这个方面来说，独居动物的健康状态比社会动物要好。

　　第三个方面，听起来有点荒唐，就是群体大了容易发生认错孩子的状况。墨西哥蝙蝠有时群体会多达几百万只，有统计表明，大约有17%的母蝙蝠哺乳的都不是自己的孩子。就连我们人这么高等的动物在医院生孩子的时候都可能抱错孩子，就更别说动物，尤其是亲缘识别机制不完整的动物会认错孩子了。而且群体很大的时候，丈夫们很难保护好自己的妻子不被其他雄性趁虚而入，所以有的时候，它们养育的都不是自己的孩子，就连母亲们也会被群体中别的雌性趁机下个蛋在它们的巢里，当了别人孩子的"乳娘"。这种现象叫作种内巢寄生（就是偷懒把蛋产在别人巢里的动物与"代育妈妈"是同一种动物），与大杜鹃把蛋产在大苇莺等其他种类的鸟巢里（种间巢寄生）是不同的。

　　最后一点，社会生活可能引起杀婴行为。杀婴行为听起来很可怕，但在自然界中也不算少见，如果一个强壮的成年动物想要夺取这个群体的统治权，那么它会把群体里的幼崽都杀死，因为这些都不是它的孩子啊，它无法容忍去替别人养孩子。取得统治地位的新狮王通常都会这么干的。

　　独居的动物显然不会碰到这些问题。通常，独居动物只在繁殖季节才聚在一起，交配完就分开。幼崽由单亲妈妈独自抚育，所以除了自己的孩子很少有机会碰到其他同类个体，所以认错孩子的情况几乎不会发生。就算有其他雄性动物想要来夺取这块领地，它也会去挑战成年统领者，因为它把对方看成对手，而不是配偶资源，所以孩子是不是它自己的也没那么重要了。把对方驱赶走或者杀死才是挑战的目标。

## 独居者孤独

当然独居生活也是有一些弊端的。在恶劣的天气条件下，如果有伙伴跟你一起抵抗，那么想必是更有战胜糟糕天气的可能性；再比如在遇到天敌或者入侵者的时候，单枪匹马显然没有千军万马厉害。但是通常这些独居动物都是本领高强的大侠，如老虎、豹等这些大型猫科动物；还有就是它们遇到配偶的机遇降低了。就拿老虎来说，每只老虎的领地面积一般在100平方千米～400平方千米，只有交配季节到来会去寻找异性交配，它有时候可能要找上比自己领地面积大好几倍的地方才会碰到一只异性，可想而知，老虎想找个配偶是多么不容易，

这也是为什么老虎的现存 5 个亚种都濒临灭绝的原因之一。

另外，很多高度社会化的动物群体中，它们都有明确的分工，最典型的就是蚂蚁和蜜蜂。这样的话，《师说》中"术业有专攻"放在它们身上也很合适，这样工作效率就会更高，那么它们在竞争中就会更有优势。而独居动物啥事都得自己干，毕竟一个人的精力是有限的，相对于分工明确的社会性动物，独居动物工作效率肯定是要低一些的。而且在高等动物当中，学习对于幼年动物来说是很重要的。在一个社会群体中，可以教你东西的老师肯定比独居的动物（也只有母亲或者父母教了）要多，学会的东西也就更多了。

所以是过群体生活还是过独居生活，是一种利弊权衡的过程，独居生活的好处大于弊端，那么显然自己一个人生活会更好；独居生活的好处小于弊端，那么还是和大家一起生活吧。

非常问

### 黑豹是什么豹？

黑豹其实并不是一个单独的物种，是"黑化"了的大型猫科动物的泛称，我们知道有"白化"的老虎，其实也有"黑化"的豹子，都是由基因突变导致的。但其实黑豹并不是纯黑的，它身上也有斑点，只不过没有正常毛色上的斑点好分辨。

# 吃与被吃，"道高一尺，魔高一丈"

道家云"道高一尺，魔高一丈"，意谓正气难以修得，而邪气却容易高过正气，后来比喻为正义而奋斗，必定会受到反动势力的巨大压力。我在这里，其实是想借这句话比喻捕食者与猎物之间的关系。注意！我并不想说捕食者就是恶势力，猎物就是正义一方，童话故事和传说中往往都会把狼说成是大坏蛋，把狐狸说成是狡猾的骗子。但是，作为科学工作者，应该纠正这一观点：在捕食者与猎物之间不存在谁正谁邪的问题，捕食者看起来凶残，猎物看起来楚楚可怜，但这只不过是大自然的法则。我们不能以我们人类的道德视角去评判动物的好坏。

## 自带解毒剂的素食者

之前我讲到了植物的反抗策略，但这只是一个方面，针对植物的这些反抗策略，许多动物技高一筹，进化发展出了对付的办法。有些植物生出毒素来保护自己,那么也就有动物进化出解毒剂。

比如马利筋(这是一种植物的名字)因为含有强心苷(影响脊椎动物的心跳),所以对鸟兽是有毒的。但是斑蝶有自己的绝招,通过某种生化机制,不仅不会中毒,还会将这个毒素储存在身体组织中,散发出一种气味,使一般的食虫鸟不敢吃它。有人做实验,用马利筋喂养斑蝶,再让鸟来吃它,结果鸟会呕吐。这些可怜的鸟儿再也不敢吃斑蝶幼虫了,就连那些长得像斑蝶的无毒冒充也不敢吃了。斑蝶不仅不会中毒,还利用了这种毒素来保护自己,这不就是三十六计里的"借刀杀人"吗?看来不会点兵法,都不好意思混自然界了。

沙漠里的很多植物都会长刺,牛羊马无法吃它,但是骆驼就能吃。因为骆驼嘴巴尖尖的,上唇中间有道裂纹,一直延伸到鼻子(就是和兔子一样的三瓣嘴),下唇尖而游离,嘴唇薄而且灵活,所以能自由采食带刺儿的植物,注意啦,不是它喜欢吃刺儿,只是它的嘴巴够灵活,可以吃到叶子而不被刺儿扎到。

## 羊为什么没被狼吃光

这样的斗争不单单发生在植物与食草动物之间,还会发生在食草动物和食肉动物之间。好比说,狼要吃好多羊,那为什么羊为什么没有因此灭绝呢？

对此，斯洛博金（Slobodkin）的解释是，捕食者在进化过程中能够形成自我约束的能力，不会过度捕食猎物。因为如果猎物全部被吃完，那么自己也会饿死。捕食者不会捕食正值壮年的年轻动物，而会捕食老弱病残，这样也不会对猎物种群的数量有太大影响。表面上看这是一个双赢的策略，但实际上这个理论与个体选择的进化学说是矛盾的。在一个由自我约束的个体组成的群体中，一个没有自我约束的动物是更有优势的，因为它不约束自己，就能获得更多食物，它存活下去的几率也就更大，那么自然选择就会倾向于不进行自我约束。这个理论虽然有缺憾，但是对我们人类却有很大的启示，我们人类的智慧可以任意取用地球上的资源。但是如果眼光放长远，够"精明"的话，就不应该过度使用，而是应该可持续发展、合理利用资源。

那么真实的原因究竟是什么呢？其实很简单，食草动物会说："你想抓我，没那么容易！"捕食者有尖牙利爪，但猎物们有快如闪电的速度。就拿非洲狮和瞪羚来说，这对冤家各有所长，一个块头大，一个跑得快。

非洲狮雌狮体重就可达 180 千克，它的咬合力可达 1000 磅（约 453.6 千克），可轻易咬碎瞪羚的脖子，并且雌狮们会联合作战，进一步增大了成功概率。但是瞪羚也不是乖乖就范的，瞪羚奔跑速度可达 90 千米／小时，并且耐力持久，而狮子的奔跑速度只有 60 千米／小时。所以不是非洲狮们自觉地去抓瞪羚中的老弱病残个体，而是它们只能追上老弱病残。当然，非洲狮也不都是拼速度的，非洲狮往往潜伏着慢慢接近猎物，进而发起猛攻。不过，这个策略也不是那么完美的，否则猎物都死绝了。

捕食者和猎物之间是"道高一尺，魔高一丈"，此消彼长。

在多种捕食者和被食者系统中，一种被食者可能通过产生毒素来吓跑捕食者，另一种可能通过飞速奔跑来逃避捕食者，而捕食者在进化中很难同时获得这两种本领。对于被捕食者来说，自然选择有利于逃避捕食者，但是多种捕食者具备了各种各样不同的捕食策略，所以被食者也很难进化出能同时逃避这么多种捕食策略的能力。所以现存的捕食者——猎物系统是两者协同进化的结果。

捕食者与猎物之间是一种动态的平衡关系，虽然彼此敌对，但也密不可分，甚至互相依赖。曾经就发生过不少一种动物数量减少或者增加而引起的灾难性后果。如挪威为了保护具有重要狩猎意义的雷鸟,就于19世纪末采用奖励的办法捕捉打猎雷鸟的天敌,结果致使球虫病和其他疾病在雷鸟中广泛传播。本来是出于保护雷鸟的目的,结果却因寄生虫和其他疾病的传播而引起雷鸟的大量死亡。原因是捕食者吃的大多是病弱的雷鸟,从而控制了疾病在雷鸟中的传播。

不管捕食者还是被食者,都只是生态系统中的一个组成部分,不要以人类的道德视角去评判动物的好坏,甚至只出于一种好恶去猎杀大型食肉动物,更不要人为地去干扰破坏捕食者——猎物系统的平衡。

## 非常问

### 响尾蛇的尾巴为什么能响?

响尾蛇每次蜕皮,其皮上的鳞状物就会留在尾部,慢慢形成一个空囊。蛇的年纪越大,这个囊也就越大。空囊里面的角质膜又把空腔隔成两个环状空泡。但响尾蛇剧烈摇动尾巴时,在空泡内形成了一股气流,随着气流来回振动就发出声响,这跟哨子、笛子等发声的原理类似。

# 鲸鱼为什么要自杀

鲸鱼自杀其实算不上什么新鲜事儿了,我们先来回顾几则新闻。1754年,法国奥捷连恩的沙滩上,三十多条抹香鲸搁浅死去;1970年,美国佛罗里达州皮尔斯堡的沙滩,一百五十多条逆戟鲸冲上海岸;2012年3月16日,4头抹香鲸在江苏盐城新滩盐场附近搁浅。

不光是鲸鱼,其他动物也有类似的自杀行为。1976年,在美国科特角湾的海滩上突然涌来成千上万只乌贼,它们前赴后继、勇往直前地游向海岸,搁浅而亡,尸体布满了沙滩;1950年,在日本的熊本县水俣湾附近,渔民家养的猫纷纷聚集到海边的一座山上,并出现颤抖、抽搐的现象,有的还像发了疯似的撕咬乱串,最后一个接一个地从悬崖上滚了下去;1988年1月28日,在新疆和静县克尔古提乡阿哈提沟,一群牦牛在山上吃草,突然有一头从悬崖跌下去,紧接着一头接一头,89头牦牛全部跳崖,造成82头死亡,7头腿骨折。

这些事件,我们称其为动物界奇闻也好,未解之谜也罢,但是在惊奇的事件背后真相又是什么呢？这些行为真的是自杀吗？作为一个掌握了一些专业知识的人来说，我不相信这些行为是所谓的"自杀"！因为在理查德·道金斯的《自私的基因》一书中提到："我们的身体，只是一群彼此协同也勾心斗角的基因组所暂时构建以延续它们自己的机器。"为了让基因延续下去，自杀是不被允许的（当然人是比较特殊的）！因为"机器"死了，借助"机器"延续的基因也就消亡了，除非有其他的延续方式。马克思教我们要透过现象看本质，现在我们就透过这些现象探究其原因、其本质。

### 自杀表象下的汞毒剂

我们先来说一下日本熊本县水俣湾的猫自杀事件。这些猫在自杀前的各种症状又被称为"猫舞蹈症"，后来，出现在了人的身上。患者轻者口齿不清、步履蹒跚、面部痴呆、手足麻痹、知觉出现障碍、手足变形，重者精神失常，直至死亡。死亡的气息在这个小渔村蔓延开来，恐惧深深笼罩在人们心中。这种病症后来被确诊为"水俣病"，也就是慢性汞中毒。这是因为当地的一家氮肥公司向水里排放含汞废水引起。

汞是一种重金属，汞离子在水中被鱼虾摄入体内后转化成甲基汞，甲基汞是主要侵犯神经系统的有毒物质，而当猫和人吃了这些鱼虾后，甲基汞也随之进入人体，会导致神经衰弱综合征，表现就是精神障碍、昏迷、瘫痪、震颤等。与此同时，还会导致肾脏损害，重者可致急性肾功能衰竭。此外，中毒者的心脏、肝脏也会受到损害。截至2006年，当地共有2265人被确诊患有水俣病，其中大部分人都已经病故。这是历史上最可怕的环境污染事件之一了。所以这些猫不是自杀，而是汞中毒、神经系统被破坏而导致的病态结果。

## 听不清声音的鲸鱼

鲸鱼搁浅想必大家时有耳闻，并且鲸鱼一旦搁浅就很难再被送回海里而存活了，等着它们的只有死亡。那么这个真是鲸鱼有意自杀吗？经过科学家的研究，鲸鱼搁浅主要有这么几个原因。

鲸鱼声呐系统受到干扰，很可能是鲸鱼自杀的主要原因。鲸鱼是靠声呐系统定位，如果它生病了或者在深海里受到惊吓迅速上升到海面（这样会造成减压病，人也一样，在血管内外及组织中形成气泡，会对皮肤、骨骼肌肉、神经系统乃至呼吸、循环系统都造成损坏）或者被化学污染物侵害了神经系统等，会使其探测周围环境的能力下降。另外，某些鲸鱼的捕食策略是把鱼群赶向岸边的浅滩，通常情况下都是可以顺利回到深海的，但有些时候出现意外情况，它们没有探测出来这里是浅海了，就会在不知不觉中冲向岸边。

除了鲸鱼自身的原因，影响鲸鱼声呐的因素还有很多。比如自然产生的地磁干扰，太阳黑子的强烈活动等等干扰了它们的声呐系统，使其无法辨明方向和周围的地形。另外，人为活动也越来越成为一个巨大的污染源，海洋运输、军事活动、海底石油勘探等人类活动造成了噪声污染，会严重干扰了鲸鱼们的声呐系统，造成搁浅的悲剧也就越来越多了！

当然，自杀可能会因为一些意外的情况，比如领头的鲸鱼生病或者受干扰或因其他原因领错了路，其他鲸鱼也会义无反顾地跟过去；抑或是整个鲸鱼群体，被天敌或人类追杀，慌不择路，错误地冲上了浅滩。这些意外事件都可能引起鲸鱼自杀。

当然，这也只是部分原因，更详细更深层的原因还需要科学家们进一步调查研究，但不管怎样，都不是鲸鱼有意的自杀行为。

## 跳崖背后的神秘毒药

说到动物自杀，大家也许还听说过旅鼠的大规模"自杀"活动，甚至还被迪斯尼拍成了纪录片。其实，旅鼠们并不是自杀，而是在数量过多的情况下，被迫背井离乡，踏上寻找新家园的路，结果有许多死在了途中。这感觉有点像人类在饥荒年代的逃难行为。如果把这叫自杀的话，那么大马哈鱼的生殖洄游，途中好多被"守株待兔"的棕熊吃掉，是不是也是一种自杀行为呢？

现在再来说说乌贼的集体自杀，有专家解释是受赤潮毒素所害，赤潮释放出的软骨藻酸导致这些乌贼中毒并让它们失去方向感。至于牦牛的自杀，我只能推测是因为领头的牦牛出现失误或者病变等原因从悬崖上跳下去，后面的"跟班"们也毫不怀疑、毫不犹豫地跟着走，造成了集体"自杀"的悲剧。

值得注意的是，野生动物被人类捕捉后，有些（如野象）会猛烈地撞击笼子，有些（如猫头鹰）会绝食，有些（如狼）甚至会咬断自己的腿从捕兽夹下逃脱。这些行为可以统称为应激反应，就是在出现不良外界刺激（如被捕）的时候，通过下丘脑引起血中促肾上腺皮质激素浓度迅速升高，糖皮质激素大量分泌，动物表现出极度的紧张、亢奋、易怒、甚至自残等。如果要说动物真有"自杀行为"，那么我认为这才是真正的自杀行为。

所以不管以上种种行为是表象上的"自杀"行为还是应激反应，大部分都跟人类活动脱离不了干系，我们在求得自身发展的同时，还真应该好好反思我们是不是逼得有些动物同胞"走投无路"了。

### 猫真的那么喜欢吃鱼吗？

一直以来人们都觉得猫爱吃鱼，但事实上真是这样吗？

对于大多数猫科动物来说，鱼都不是主要食物。"喜欢"大都是我们人类自己认为的（人们还觉得狗喜欢吃骨头、老鼠喜欢吃奶酪）。如果摆上好几种食物，让很多喵星人自己选的话，选择的结果可能会有很大差异。

这跟猫的生活环境有关系，如果一直拿鱼喂猫，猫可能就会爱吃鱼，甚至会去抓鱼缸里的鱼（但个人觉得猫抓鱼是好奇的成分更重）。如果给它们别的食物，它可能就不会去吃鱼。所以不能说所有猫都喜欢吃鱼。

# 白鳍豚究竟灭绝了没

白鳍豚这个名字相信大家都听说过，但是真正见过它的人并不多。关于白鳍豚，人们最多的问题是它们究竟灭绝了没有。现在，白鳍豚的灭绝问题也渐渐淡出人们的视线，科学家们把更多的努力放在了江豚身上。与其说这是一篇科普文，不如说是一篇悼念白鳍豚的悼词吧。

### 最后一条白鳍豚的生命轨迹

"淇淇"是白鳍豚中的明星。在我收集淇淇资料的过程中，经常看着看着，眼泪就不由自主地流了下来。

1980年1月11日，1头幼年雄性白鳍豚在靠近洞庭湖口的长江边被渔民捕获。这头伤势严重的白鳍豚，第2天就被运至中科院武汉水生生物研究所，取名"淇淇"。在水生所的专家和工作人员的努力下，终于成功治愈了"淇淇"。于是，每年的1月12日也被当作淇淇的生日。在随后的几年间，科学家们开始一点一点摸索人工养殖之道。

1986年，淇淇已经是8岁左右的"成年小伙子"了。就在这一年，又有两头活体白鳍豚被捕获，分别取名"联联"和"珍珍"。"联联"被捕上来后才被发现是雄性，自被捕上来就一直不吃东西，最后绝食而亡。"珍珍"是头幼年雌性，一开始就被当作淇淇的"童养媳"养在淇淇旁边的池子里。慢慢地，淇淇和珍珍互相熟悉起来，一起戏水，相伴游弋，那是淇淇最快乐的日子。然而，好景不长，两年半后，珍珍患肺炎，离淇淇而去，他们也没能留下后代。淇淇又开始了孤独的日子。

2002年7月14日，"淇淇"辞世，属于高龄自然死亡。

"世界第一头也是唯一一头人工养殖的白鳍豚"、"世界上人工养殖存活时间最长的四头淡水鲸类之一"、"比大熊猫更珍贵的活化石"、"中国独有的珍稀水生哺乳动物"，这些光环都无法使淇淇脱离孑然一世的命运。虽然淇淇的人工饲养为科学家们收集到了许多宝贵的资料，但是，我们可以想象，22年半，远离自然环境，远离同伴的生活是多么孤独。然而，更可悲的是，即使放归自然，淇淇寻觅到伴侣的机会也是微乎其微，等待它的可能是致命的螺旋桨下、食物短缺……淇淇的孤独我们人类可能永远无法体会。

转眼间，距淇淇离世已有十多年，期间也陆陆续续有发现白鳍豚的消息传出。但是2006年中、美、英、德、日、瑞士六国科学家组织的"长江豚类考察"历时38天，往返三千四百多千米也没能找到白鳍豚。于是，白鳍豚灭绝的消息从互联网传播开来。

## 功能性灭绝是咋回事儿

我们先来了解一下灭绝的含义。根据"国际自然保护联盟（IUCN）"的定义，灭绝是指当有充足的理由怀疑最后一个个体已经死亡时，才可以认为这个物种已经灭绝。但通常来说，这个判定是很难做到的，因此IUCN又作了进一步说明：当在某一物种的全部历史分布区域内进行了详尽、彻底考察后没有能够发现一个存活个体时，就可以认为这个物种已经灭绝。但是考察应该涵盖该物种所有已知或可能的栖息地、采用适当的时间频次（每天、每个季节或每年一次），并且历次考察所经历的时间跨度应该超过这个物种的一个生命周期。所以，说白鳍豚已经灭绝是不准确的，更确切地说法是"功能性灭绝"。

功能性灭绝，通俗地说就是虽然可能有个体存活，但是终会走向灭绝。从专业层面讲就是，生态功能的丧失和保持物种繁衍能力的丧失。

另外还有几个概念需要区分一下，分别是野外灭绝、局部灭绝和亚种灭绝。野外灭绝跟灭绝的区别，就是还有人工饲养环境下的种群存活，如麋鹿、普氏野马。但是近年来发现了麋鹿的野外种群，说来好玩，这些个体是1998年长江流域大洪水，从石首麋鹿保护区逃出去的,现在已经在野外存活下来了。所以有专家提出订正麋鹿在 IUCN 红色名录的保护级别,由"野外灭绝"改为"濒危"。

局部灭绝,顾名思义,就是在某一个地区灭绝,其他地区仍然存在。比如,之前白臀叶猴在中国仅分布于海南,自德国德累斯顿自然博物馆收到一个白臀叶猴标本(1882 年捕获于中国海南)后,再无白臀叶猴在海南被发现。但是白臀叶猴还分布于老挝、越南、柬埔寨等东南亚国家。于是这个物种就在海南局部灭绝了。

还有一种灭绝的状态是亚种灭绝。全世界只有一种虎,我们平时所说的华南虎、东北虎、孟加拉虎,以及已灭绝的巴厘虎、西亚虎、爪哇虎、里海虎都是亚种。据记载,1937 年 9 月 27 日,最后一只巴厘虎在巴厘岛西部的森林里被猎人射杀;1980 年,

西亚虎灭绝；1983年6月，很可能是世界上最后一只年迈的雌性爪哇虎在雅加达的动物园去世了；1988年，印尼政府正式宣布爪哇虎已灭绝。新疆虎曾被认为是一个独立的亚种，后来被归为里海虎的一个种群。据考证，人类最后一次发现新疆虎是在1916年，在这以后的数十年间，科学工作者曾多次寻找过它们的踪迹，但再也没发现过。1981年，世界自然保护联盟正式向全世界宣布，里海虎灭绝。

## 悲伤的调查

再回到白鳍豚的话题，2006年六国科学家联合考察及2012年中科院武汉水生所组织的考察，均未发现白鳍豚的踪迹。但是由于受调查方法所限，没有发现存活个体并不代表着完全没有了。但由于白鳍豚的种群数量已下降到无法保证种群正常繁殖的程度，并且处于长江生态系统食物链顶层的白鳍豚也已失去了原有的生态功能，灭绝已成定局。

那么，种群数量究竟小到什么程度就无法保证其种群延续了呢？保护生物学中有一个概念叫"最小存活种群"。简单来说，就是一个在一定时间内，可以健康生存的数量最少的一个种群。如果低于这个数量，种群就会走向灭绝。

道理很简单，种群数量如果太小，就可能找不到配偶（淇淇就是一个例子），也就没有后代。即使能找到配偶，也有可能是近亲，产生的后代会体质变弱、死亡率上升；再加上长江的污染、航运、水利工程、过度捕捞等一系列人为因素，我们就只能在图片中一睹白鳍豚的美丽身影了。

## 非常问

### 有没有濒危动物脱离濒危困境？

确实有，那就是麋鹿！这是动物保护工作最成功的案例之一。麋鹿原产于中国，20世纪初，麋鹿在中国灭绝，世界上仅存的18头麋鹿被收养在英国。该物种一度被国际动物保护组织确认为一个"极危级"物种。1983年，我国从英国引入部分个体。2006年，中国的麋鹿数量已突破2000头，从濒危动物变为珍稀动物。

# 超生还是优生，是个问题

在自然界中，不同物种的后代数量差别极大。猪肉绦虫一次可以产上亿枚卵，而大熊猫一胎只生一个宝宝。这并不是因为大熊猫也在执行"计划生育"策略，而是因为它们采取的是不同的"生态对策"。

## 生存的谋略

什么？对策？动物有这么聪明吗？这个对策并不是动物有意识选择的，而是漫长进化过程中形成的不同的"生存方式"。

早在 1954 年，就有科学家提出动物总是面对两种对立的进化选择：一是生很多宝宝，但无力照顾；二是生的宝宝少，但都能精心照顾，也就是我们国人所谓的"优生优育"。

究竟采取哪一种对策，这取决于这个动物生存的环境。在气候不稳定、难以预测、天灾多的地方，如南极和沙漠地区，动物大多采取的是广种薄收型的策略，执行这种策略的动物也被称为r-对策者。这个r指的是内禀增长力，简单来说就是，如果在风调雨顺的条件下（有吃不完的食物，也没有天敌、没有疾病），那么一个动物种群就可以最大限度地扩大。通常来说，这类动物的生殖能力比较强，发育速度比较快，但寿命比较短。不妨试想一下，在气候条件恶劣的情况下，天灾经常发生而导致动物的死亡，即使动物花很大精力去照顾后代，结果也可能是竹篮打水一场空。不如多生宝宝，就算一部分因为天灾夭折，但总会有幸存的。所以在不稳定的环境中，谁具有较高的繁殖能力谁就是赢家，r-对策者就是繁殖能力较高的一类动物，这种对策称为r-选择。

当然，r-对策并不是万能的。在气候条件稳定、自然灾害较少的环境中，如热带雨林中，动物通称会成为K-对策者。因为所处环境稳定，死于天灾的动物较少，那么动物面临的问题不是自然灾害，而是来自于种群内部或其他动物的竞争。这种情况下，不同个体会竞争有限的空间、有限的食物等资源，所以即使生了很多宝宝，如果疏于照顾，被天敌吃掉或饿死也不行。所以，这个时候，动物们选择少生几个宝宝，通过精心照顾保证宝宝活到成年，教会其捕食技巧和生存技巧，来增加其竞争优势。K-对策者就是在气候稳定、种群数量接近饱和、竞争激烈的环境中优生优育的一类动物，这种对策称为K-选择。

r-选择有一些共同的特征。这些动物所处的地域，气候多变，难以预测，这个前面已经说过了，种群的死亡率也没有一定规律，通常是灾难性的。同时，物种的种群大小波动很大，有时候数量大爆发，有时候锐减，通常都是低于环境容纳量K值的。当然，r-对策者都比较和平，种群内部和不同种群之间的斗争通常不紧张。这类动物通常发育速度很快、繁殖力高、早育、体形小、单次生殖（因为生殖需要耗费很多能量并且比较危险）、寿命短（通常短于一年）。我们熟悉的多种高产的啮齿类动物（比如仓鼠）就是r-对策的选择者。

相对于r-选择，K-选择有相反的一系列的特征，这里的环境是稳定、可预测的。动物们的死亡率比较具有规律性，通常是由衰老疾病等这些固定的原因引发的。这些动物的幼体存活率低，种群大小在时间上是稳定的，种群密度接近K值。

值得注意的是，K-选择的物种，种群内部斗争和种群间的斗争都比较激烈，也就是我们平常说的抢地盘行为更厉害。对应于这些外在的特点，K-对策的生物自身也有一系列特点，发育缓慢、具有很强的竞争力、晚育、体形大、多次生殖、寿命长（通常大于一年）、后代存活率高。我们熟悉的狮子、老虎和大象就是典型的K-对策者了。

## 选r还是选K，这是个问题

r-对策者是新生境的开拓者，它们能在荒芜或者采光的环境中拉开新生命的序幕。但是能否生存要看机会，天气好就出现种群大爆发，遇上灾难就大批死亡。所以，在某种意义上，r-对策者就是机会主义者。

而K-对策者是稳定环境的维护者，所以在某种意义上，它们是保守主义者，但生存环境发生灾难时很难迅速恢复，如果再被竞争者打败，就可能趋向灭绝。这也是许多珍稀濒危动物面临灭绝的原因。

在大的分类单位中做比较的话，可以把昆虫视为r-对策者，把脊椎动物视为K-对策者。有意思的是，昆虫的快速进化发生在二叠纪和三叠纪，当时的气候条件正是多变而不稳定的；而脊椎动物主要兴盛于侏罗纪、下白垩纪、始新世和渐新世，那是潮湿温暖、气候稳定的时期。不同策略在不同生活环境下的优劣，可见一斑。

但是物种身上的r和K的标签并不是固定的，那得看相比较的物种是什么。比如，相对于昆虫是K-对策的鸟类，也可以再划分出不同的生活对策。比如鸳、鹰、天鹅等都是典型的K-选择，它们体形大、生的宝宝少并且对宝宝有良好的保护；而山雀、虎皮鹦鹉是典型的r-选择，它们体形小、生得多并且对宝宝抚育时间较短。

r-选择和K-选择并不是非此即彼的，在同一地区、同一生态条件下都能找到许多不同的类型，大多数物种只占了其中几条特征，所以r-选择和K-选择是两个最极端的情况。正因如此，生态学家提出"r-K策略连续统"，即r-选择和K-

选择分别占这个"连续统"的两端，中间则是由 r- 选择逐渐过渡到 K- 选择的过程，越靠近 r- 选择则与 r- 对策者越相似，越靠近 K- 选择则与 K- 对策者越相似。

## 绦虫和熊猫的对策实战

现在再来回头看开头提到的猪肉绦虫和大熊猫。猪肉绦虫是一种寄生虫，人是它们的终宿主，猪是它们的中间宿主。虽然人和猪体内的环境是相对稳定的，但在其整个生活史中，更换宿主的过程极不稳定，也掺杂了很大的运气成分。所以，猪肉绦虫必须具有极强的繁殖力（一次产卵可达上亿枚），产了卵就不管了。加上绦虫们体形较小（当然有的可长达 4 米）、发育速度快，可以有效补充损失掉的个体，简单说就是多买奖券，"增加中奖的几率"。所以猪肉绦虫是较为典型的 r- 对策者。

而大熊猫的生活就不一样，它们生活在生态环境相对稳定的山区。所以，熊猫自然而然地选择了 K- 对策——个头大（最重可达 180 公斤）、宝宝少（一胎一般只生一个宝宝），精心呵护幼崽（熊猫妈妈一直将宝宝抱在怀里，温暖它、保护它，几乎寸步不离，雌性大熊猫四岁左右才进入性成熟），这些选择可以帮助它们在环境中更好地生存。但上面已经提到，K- 对策者也是保守主义者，环境一旦被破坏，再加上食性特化（只吃竹子）、繁殖力低，所以濒临灭绝。所以要想保护大熊猫这类珍稀动物，光关注动物本身是不行的，更应保护好它们赖以生存的家园。

## 非常问

### 为什么刚出生的熊宝宝那么小？

因为熊怀孕时正值冬季，营养来源很匮乏，熊妈妈的胎盘无法提供充足的营养供胚胎生长，所以就采取了一个对策——提前出生，要搁我们人身上就叫早产儿。

出生后的熊宝宝喝母乳，母乳能提供更好的营养供宝宝继续生长，母乳主要营养物质来自熊妈妈自身储存的脂肪（脂肪分解产物却无法通过胎盘提供给胎儿）。

# 科幻小说中把冷冻人复活可以实现吗

早在1931年,美国《奇异》杂志上发表了一篇关于冷冻人体再生的科幻小说。在故事中,一个叫作詹姆斯的人,死后遗体被发射到太空里,在低温和真空条件下,遗体被一直保存了下来。几百万年后,人类已经灭绝,某个外星机械文明发现

了这具遗体，他们把詹姆斯的头颅复活后移植到了一个机械人身上，从此詹姆斯获得了长生不老之身。后来许多科幻小说和电影中也出现过这样的桥段。你是否想过有朝一日，幻想成真？

## 冻和冷是两回事儿

先不急着回答问题，我们来看看低温对生物体的影响。对于生命活动来说，温度需要在一个限定范围内，有最高（上限）、最低（下限）和适宜温度范围之分。动物对于低温的耐受程度因种类而变化很大，最厉害的日利亚蝇，其幼虫在−190℃的液态氧中，竟还可以照常发育，并活上47小时，成虫在−270℃的液态氧中可以活到5分钟以上。

冷冻结冰对生命的威胁来自于这个过程对细胞结构和生理过程的破坏。在超过温度下限的情况下，首先是低温形成的冰晶使原生质破裂，损坏了细胞内和细胞间的细微结构；与此同时，当溶剂水结冰时，电解质浓度改变（如钾离子、钙离子），引起细胞渗透压的变化，造成蛋白质变性。当然，结冰、脱水（因为水都结成冰了）使蛋白质沉淀，最终使得生命代谢失调，甚至停止生命活动。这就是冷冻的威力了。

对于我们人类，根本坚持不到机体结冰，单单是低温就可以取人性命。有一项研究表明，在0℃的冰水中，人可以忍受15分钟；水温为5℃时，人可以忍受1小时；水温为10℃时，能待 3 小时，当水温上升到 25℃时，人就可以坚持一昼夜。人类身体并没有多少对抗寒冷的资本。

人类修长的四肢是很不利于保暖的，因为我们人类起源于非洲大草原，那里的环境比较炎热，散热才是我需要首先考虑的问题。我们人体的核心体温是 37℃左右，当周围温度降低时，我们的皮肤血管收缩，使血流量减少，以减少散热，同时皮肤汗腺分泌减弱，以减少散热；皮肤表面立毛肌收缩，即起鸡皮疙瘩，以减少散热。

为了对付寒冷，我们的身体还有一系列的产热机制。比如打寒战，这是因为骨骼肌出现战栗，增加产热（正所谓取暖基本靠抖）。与此同时，我们的下丘脑分泌促甲状腺激素释放激素，促进垂体分泌促甲状腺激素，作用于甲状腺。此时，甲状腺激素和肾上腺素的分泌量都会上升，会促进细胞代谢，产热量增加。

但这些措施都是有限度的，如果体温下降的态势没有得到控制，体温下降 2℃，人体就会进入体温过低的状态！这会给我们带来大麻烦，首先失去知觉，然后心率失常。如果体温继续下降到 24℃，心脏就会停止跳动，人就会死亡。但也有奇迹，目前记录到的最低体温为 13.7℃，但这只是一个极端个例。

## 耐寒秘籍

这么看来把人冷冻起来是有很大难度的。如果真的想实现低温下的龟息大法，最好的办法就是向动物们学习，动物界中不乏忍耐低温的大神，就像日利亚蝇那样。

潮间带（指大潮期的最高潮位和最低潮位间的海岸，也就是海水涨至最高时所淹没的地方开始至潮水退到最低时露出水面的范围）的很多生物都有耐寒能力。冬季的时候潮水一退，这些生物体内的水就开始结冰，而涨潮的海水一来，冰又融化了。它们每天都要遭受这样的变化，而且是两次！这些潮间带的生物往往会暴露在 $-30℃$ 的低温里长达 6 小时，甚至更久。在 $-30℃$ 时，大约有 90% 体内水分会结成冰，而其余未结冰的水也就含有很高浓度的溶质，也就是说它们的细胞不仅可以忍受脱水和结冰，还能耐受特别高的渗透压！研究表明，在体内水分结冰的时候，它们的肌肉和器官受到明显的伤害，但冰结晶一般只出现于细胞外面，冰融化后，身体组织又能恢复到正常状态。这些潮间带生物绝对算得上是抗冻高手。

除了不停地冻结和融化，动物中还存在超冷现象，也就是说当某些动物的体温降至冰点以下时，它们体液也不会结冰。生活在南极海域的鱼类也是科学家们进行低温生物学研究的对象。因为南极海水水温约 $-1.8℃$，按理说这里的生物都应该被冻结才对，但是鱼类仍旧能维持正常的活动。南极鱼类体液不结冰的原因在于，它们的血液中存在特殊的防冻物质——糖蛋白物质，这种糖蛋白物质能使鱼类体液处于超冷状态，这种物质已经被分离出来。

至于叶小蜂的技能就更为惊人了，它们在 $-25$℃至 $-30$℃保持体液不冻结，甚至还可以通过分泌甘油来进一步降低体液的冰点。甘油可以保护血液和哺乳动物的精子免受冻伤。顺便说一句，甘油有很强的吸湿性，冬季手脚干燥皲裂的话，买纯甘油来用既便宜又有效，但是使用前务必要用水稀释，否则就会把皮肤里面的水抽出来了。

## 从小件儿生物开始

实际上，我们人类在低温保存生物方面已经取得了很多成就。如通过冷冻来保存精子，在畜牧科技中，冷冻精子已经比较普遍了（我曾经就去参观过冻精站）。把优良家畜品种的精子冷冻保存起来，便于运输，然后再通过人工授精来繁殖后代。其实现在人类的精子也可以通过冷冻来保存，现在已经出现了不少"精子银行"。

精子可以冷冻保存，胚胎也可以，从受精卵到囊胚（胚胎发育的早期阶段，细胞还未开始分化）都可以在 $-196$℃下保存。再复杂点到组织器官也可以，如小块的皮肤和眼角膜，可以在加入甘油和二甲基氧化硫后，冷冻保存在低温下，并能成功地移植到接受动物的体内。但是再大一点再复杂一点的器官，如心脏，在离体后一般只能保持 5 个小时，也有 9 小时后移植成功的例子，但遗憾的是我们还做不到把心脏完全冷冻后再让它们恢复机能。

据说在美国、俄罗斯等国家已经开始尝试把人冷冻起来，但到目前还没有成功的案例。因为冷冻人体并不只是降降温这么简单，其过程是非常复杂而严谨的。首先要把人体内的水分除去，以免水结冰而伤害细胞，然后还要把血液抽出来，同时注入甘油，以保护人体不受低温伤害，当然这其中还有很多复杂的过程。

目前并没有成功将冷冻人复活的报道，我本人也持保守态度，但将来有一天也许就能实现。对于古时候的人来说，飞上天简直不敢想象，但是现在我们造出了飞机、甚至宇宙飞船，实现了飞天梦。所以，我期待科技再造奇迹。

## 非常问

**如果冷冻人真的被复活了,会是怎样的?**

这问题还真不好回答呀,但是可以想象复活后融入新的环境将是一个大问题,这其实跟时下流行的穿越剧有点类似。几十年后(也许更短,也许更长),世界又将是一个新的面貌,出现新的科技,新的一代人,周围的亲朋好友也都不在了,以前熟悉的一切也许都不在了,心理上将会面临很大的压力,还会有一系列诸如自我认知、伦理道德等等各方面的问题。另外,如果技术不够成熟,复活后身体机能可能会有缺陷,记忆也有可能不复存在。总之,我是不会想死后被冷冻起来的。

# 便便趣闻

不知道看过《侏罗纪公园》的同学们对哪些场景印象最深刻呢？除了主角被霸王龙追的那个桥段，让我印象最深刻的就是那一坨小山样的恐龙便便了。而且，男主角为了找到唯一可以联系外界的手机，还把手伸进去摸索，堪称重口味！

很多人都会觉得这很恶心。但是上大学、学了动物学之后，我就慢慢习以为常了，动物的便便可是很有用的研究对象哦。

## 辨粪识踪

有人专门研究了企鹅拉屎，结果还真挺有意思。他研究了两种超级可爱的企鹅——阿德利企鹅和帽带企鹅，并通过便便被喷射出去的距离，便便的密度和黏度，泄殖孔的形状、直径和距地面的高度来测算出企鹅直肠内部的排便压力。结果，算出来企鹅直肠内的压力是人类的4倍，能把便便喷出去40厘米！当然，动物学家们并没有那么无聊，要把每种生物的便便行为尽收眼底。我们收集动物粪便有更重要的用途，比如了解动物的活动区域和家庭组成。

在野外，动物的身影往往很难寻觅到，那么如何知道这里有没有某种动物呢？经验丰富的动物学家往往都能通过粪便来判断出它的主人。不仅如此，便便中还含有大量信息，比如粪便的主人吃了啥，是不是得了寄生虫病，甚至还可以拿去做遗传信息的分析，因为便便里含有许多活的肠道上皮细胞。

对于珍稀或濒危动物来说，活的个体本来就稀少，如果动物学家们再捕捉活的动物去做研究是不现实的，也会对动物本身造成伤害，所以便便就是再好不过的工具了，反正都是被动物们遗弃了的。在学术界，甚至还兴起了一门以动物便便为实验材料进行多领域研究的学科——分子粪便学，有了便便中的DNA，就可以对野生动物的遗传变异、生活史及种群统计学等方面进行深入的研究。

### 香料竟是鲸鱼的便便

蓝鲸、座头鲸、须鲸都是一等一的大块头，但是它们的食物，竟然吃的都是人类都觉得不够塞牙缝的、体长只有几厘米的磷虾！当然，它们的食量也是十分惊人的，比如蓝鲸，它一次能吞下约两百万只磷虾，每天要吃掉4000千克～8000千克！吃得多自然排得也多。鲸鱼拉的便便从空中都能看到，铁锈红的一大片。为啥鲸鱼便便是这么一种特殊又鲜明的颜色？

因为鲸鱼的便便里富含铁元素（铁锈红正是铁离子呈现出来的颜色），而且鲸鱼便便中的铁比周围海水中的铁含量高出1000万倍，那又为什么会有那么多铁呢？这个主要是由于生物富集作用，铁从海水中到浮游植物中再到磷虾体内，最后达到鲸鱼体内，一层层积累，就富集成了这么多。

这么多铁可不是无用的，它是为了给它的食物"施肥"！这些鲸鱼把便便拉在阳光照耀的海面处，给浮游植物提供了丰富的铁，浮游植物大量繁殖，又养活了大量的磷虾，那么大量的磷虾就又可以到鲸鱼嘴里啦。虽然想想有点恶心，用自己的便便为自己创造更多食物，但是怎么听起来有点耳熟？因为我们人类也是这么干的！我们也会用便便作为肥料给农作物施肥，然后吃掉它们。这么一说，是不是又立马觉得鲸鱼和我们一样聪明了呢？

我们继续说鲸鱼的便便。龙涎香相信很多朋友都听说过吧，那可是高级香料啊。龙涎香在中国有很长的历史，那时候被认为是海底的龙睡觉时留下的口水，因而得名"龙涎香"。但实际上它是抹香鲸肠道里产生的东西。抹香鲸吃乌贼和章鱼之类的食物，而乌贼和章鱼口中有坚硬的角质颚和舌齿，是抹香鲸无法消化的东西，如果让这些东西进入肠道，就会刮伤肠道。正因如此，抹香鲸的肠道中分泌出一种特殊的蜡一样的东西把这些坚硬的异物包裹起来，保护自己的肠道，这就类似珍珠的形成过程。

这些被包裹起来的角质颚、舌齿会被抹香鲸呕吐出去或者直接拉出去，还有少数留在鲸鱼体内，死后尸体腐烂从而掉落出来。这些初级的龙涎香在海水中漂浮几十年甚至上百年（它比水轻），经过海水的浸泡和洗涤，才能成为高级的白色龙涎香。所以杀掉抹香鲸直接从其体内取龙涎香没有多大意义。

## 猫咪好卫生的原因

养过猫的朋友们都知道，猫拉过屎后把便便用猫砂或者随便什么沙子埋起来，真的是因为猫咪更加爱整洁讲卫生吗？再次申明，不要拿我们人的立场和角度去理解动物，而是要站在它们自身的立场去想问题。

家猫是我们驯化出来的，虽然历史已久，但它们身上依然保留着一些野外祖先的习性。我们知道很多动物利用尿液来标记领地，其他同类动物闻到后就会绕道而行，除非是想故意挑衅、争夺领地。便便也同样能传达这样一些信息。

一些大型猫科动物如老虎、狮子就不会埋自己的便便，因为他们是森林之王、草原之王啊。便便散发的气味正好彰显出它们的地位和领地，况且还可以让其他小型食肉动物知道这是老大的地盘，避而远之，不来和它争夺食物，为啥还费劲埋便便呢！但是猫咪就不一样了，它们就是上面提到的小型食肉动物，在老大领地里偷偷捕个食啥的，当然要埋藏好踪迹，免得老大来找它麻烦。

另外还有不少植物会利用鸟类或小型动物来传播种子，植物提供鲜美可口的果子，这些动物就帮助它们广撒种，果肉可以被消化，但是种子是不能被消化的，所以种子就随着便便被排出来。这些"传播大使"在哪儿拉屎，种子就在哪儿生根发芽，还可以利用便便来做肥料，多划算。

顺便说一下，世界上最贵的咖啡之一——猫屎咖啡也就是这样产生的，当然这里的猫不是我们平时所说的喵星人，而是印尼椰子猫（也被当地人叫麝香猫），它是一种灵猫科的动物。这些小动物会吃咖啡果，而人们无意中发现在麝香猫的肠胃中走这么一遭，咖啡豆竟变得别有一番滋味。于是我们人类就开始大加追捧这种从便便中拣出来的咖啡。

所以，便便看似恶心无用，实际也是趣闻不断啊。

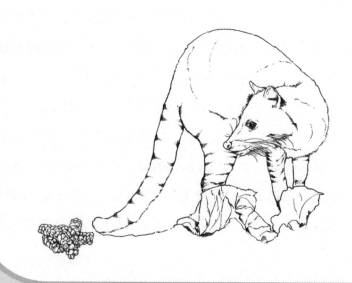

## 非常问

**我们吃下去的食物都是香的，为什么便便是臭的呢？**

便便的气味是由细菌分解的产物产生的，有臭味的主要是吲哚、粪臭素和硫化氢等。而且粪便在肠道内会待上一段时间，肠道里温暖潮湿，便便很容易"变质"，就像食物在高温下馊了一样，所以也会有臭味产生。

不过，虽然细菌让粪便发臭，但是我们还离不开它们。结肠内没有消化酶，只有细菌起着消化作用。与此同时，如大肠杆菌这样的细菌还会为我们产生宝贵的维生素，臭点还是值得的。

第4章

# 共住同一屋檐下

# 野火烧不尽，春风吹又生

白居易有诗云："离离原上草，一岁一枯荣。野火烧不尽，春风吹又生。"这不仅是一种文学修辞手法，也是对生态学原理的展现，尽管诗人自己可能并没有意识到这一点。

火能摧毁很多东西，有生命的、无生命的，火灾对我们人类来说，就是一场灾难。但是适度的火烧对生态系统却是有益的。

## 打扰一下，为了更热闹

火烧是自然干扰的一种情形。干扰，就其字面含义来说，就是平静的中断，正常过程的打扰或妨碍。在自然界中，干扰是一种普遍的现象，比如一场大风、一次暴雨、一次地震、一场大火都会给生态系统带来干扰。

干扰不同于灾难，不会产生巨大的破坏作用，但它经常反复出现，给了生态系统一次次更新、变化的机会。就如同人的一生如果风平浪静，毫无波澜，不见得就是好事，一定的波折有助于人的成长。

那么究竟为什么干扰对生态系统是有益的呢？这还要从群落的断层说起。森林中一个闪电劈死了一棵树，一群大象推倒了一小片树，或者伐木工砍倒了几棵树，再比如草原上一小片草地被动物啃光了，这样就出现了从外表就能看到的缺口。缺口或者说断层出现后，有的生态系统在没有继续干扰的情况下就会把这个群落从出生到长大的过程再重演一遍，也有的会经受完全不同的变化。断层可能被周围群落中的任何一个物种侵入和占有，侵入物种继而发展成为优势者，哪一种是优胜者完全是随机的，所以这个过程称为抽彩式竞争。谁成功侵入和发展壮大就跟就中彩票似的，全凭运气。

但是这种抽彩式竞争的出现是有条件的，第一，群落中有许多有能力入侵断层和耐受断层环境的物种，并且所有物种的这两种能力都相等；第二，不仅要能打江山，还要能守江山，物种入侵后还能对付后来的入侵者。当断层的占领者死亡后，断层再次变成空的，哪一个物种入侵又是一场抽彩。

就这样群落中由于各种原因不断地有断层出现，此时我中奖，彼时你中奖，那么整个群落就会比没有干扰和断层出现时有更多的物种可以共存，也就是生物多样性提高了。这就好比一场演唱会，中途由于各种原因不断地有人离场，空出了座位，然后又不断有人在空出的座位上入座，那么整场下来，观看的总人数就比没有人中途离场时增加了。

但是，这个干扰的程度不能太高也不能太低，不然就不仅不能提高生物多样性，还会使生物多样性下降。在干扰强烈发生时，由于该类物种不能忍受干扰而数量减少，甚至在局部区域灭绝，那么生物多样性就会减少；如果干扰强度太小，又会因为竞争能力强的优势种占据资源而排除弱的竞争物种，那么物种的种类也会减少，生物多样性降低。这也就意味着只有当条件同时有利于竞争物种和耐干扰物种的中度干扰发生时，生物多样性才能达到最高点。

## 多强的干扰是中度干扰

曾经有个叫 Sousa 的科学家做过实验，证明了中度干扰假说。Sousa 通过研究不同大小沙砾上的藻类的种数，来说明干扰频率对生物多样性的影响。实验的原理其实很简单，在潮间带，沙砾经常受到波浪的干扰，在受到波浪冲击的时候，重量轻的小沙砾就会更频繁地移动，而个头稍中等的沙砾就不那么容易被波浪移动，至于大个头的沙砾则几乎不移动了。这样就分出了三种程度的干扰的生活环境。结果发现，在干扰大的小沙砾上，平均每块沙砾有 1.7 种藻类；干扰最小的大沙砾上，平均有 2.5 种；而中等大小的沙砾上的藻类最多，为 3.7 种。

另外，干扰可以增加资源的有效性。因为资源再丰富，如果不能被生物利用也是无济于事的。比如说，当树木稀少，能见着阳光的机会就增加了，那么光合作用就会增强，就是说阳光的利用率提高了；由于土壤表面光照增加和蒸腾作用的降低，加速了有机质中养分的分解或矿化，以前不能被植物吸收利用的养分也就能被吸收了，因而增加了养分对植物的有效性。但是这种有效性的提高只是在很短的时间里。随着时间的流逝，生物数量重新增加，资源对于后来的植物来说有效性一般又会降低。

　　最后回到开头，综合说说火对森林的作用。首先，火烧可以提高土壤的温度、释放营养物质（火烧过的植物灰烬本身就是一种养分），烧出的空地就形成了断层，给其他物种提供了入侵的机会，并且使得该区域内的地形有了变化，地形多种多样，同样也可以增加生物多样性。

其次，频繁而低强度的地面火并不会太多地影响到森林下层的植物的繁殖，而且使得上层高大的树木变得稀疏，让更多的阳光照射下来。这样一来，原来耐阴的植物可以迅速恢复，也吸引了一些喜阳的植物过来安营扎寨，所以生物多样性也有所提高。甚至有些植物的种子（比如桉树）必须经过季节性火灾之后才能发芽。

不过，并不是所有的大火都是好事儿，如果是几天几夜都没法扑灭的森林大火就是另外一回事了。

### 生境破碎化是什么意思？

生境破碎化就是原来连续成片的生境由于人为干扰或自然变化而被分割、破碎，形成分散、岛状的孤立生境或生境碎片的过程。这是过度干扰的一个不良后果，大部分原因是人类活动。生境破碎成一个个小碎片后，不仅原有的生态功能下降、生物多样性下降，还会造成某些物种的种群隔离，使得不同种群之间不能进行基因交流，从而威胁到该物种的生存。

# 人类位于食物链的顶端吗

总是听到有人说,人是万物之灵,是位于食物链的顶端的物种,傲娇之情可见一斑。且不论这观点是否有悖于动物保护理念,单从理论上来说,这种说法就是错误的。人类并非位于食物链的顶端。

## 纵横交错食物网

我们首先来了解一下什么是食物链。食物链就是各种生物由吃与被吃关系联系起来的序列,就像一根链条,一环扣一环。比如兔子吃草,狐狸吃兔子。

但实际上,自然界中的食物关系远比这复杂,不仅有狐狸吃兔子,狼也吃兔子,狐狸不仅吃兔子,也吃老鼠。这些食物链互相交错链接,变成一张网状的关系图,这就是食物网。即便我们单说食物链,也并不是只有一条。在生态系统中,食物链分为三种:捕食食物链,碎屑食物链和寄生食物链。

捕食食物链大家比较熟悉，就如草——兔子——狐狸就是一个简单的捕食食物链。碎屑食物链是以动植物尸体或粪便等为开端，一些食腐生物，如秃鹫、鬣狗、蚯蚓、蛆、蟹、屎壳郎等，还有多种微生物，就以动植物尸体和排泄物为食。值得一提的是，大部分食肉动物也会去吃已经死掉的动物，毕竟，免费的午餐啊，不吃白不吃。甚至连国宝大熊猫，呆萌教主，已经"从良"的前食肉动物也抵不住腐肉的诱惑，成为碎屑食物链的一环。至于寄生食物链则是由寄生生物及其中间宿主、最终宿主等组成，有的寄生生物本身又可以成为其他生物（如病毒）的宿主。

生态系统中的食物链也不是一成不变的。在进化历史上，动物在食物链中的位置会有所改变，最典型的例子就是大熊猫，由吃肉变成啃竹子。这样一来，大熊猫在食物链里的位置实际上是降低了。

在个别情况下，在短时间内个别生物的食物链位置也会有变化。比如动物在成长的过程中，食性会发生变化，也就改变了自己在食物链中的位置。大家都知道麻雀吃粮食，但当麻雀有宝宝时，它们会吃昆虫（大部分是粮食作物的害虫，所以麻雀不止会偷吃粮食，也能在某段时间内保护庄稼），并且以昆虫喂养小麻雀。

## 十分之一法则

食物链中的每一环称为一个营养级，物质和能量随着食物链进行传递。但是食物链不能无限延长，一个食物链通常只有4个~5个营养级。这是为什么呢？

正如我们人类吃东西，有些需要剥皮，有些需要去掉茎叶，有些需要去籽，并不是食物的所有部分我们都会吃下去。即便是吃下去的，也有一部分不能消化，而通过消化道排出体外。也就是说，捕食者不能把食物的所有部分都利用掉，并且各营养级的生物都要把一部分能量用于自身的生命活动。这样，每经过一个营养级，物质和能量都会减少。再加上捕食行为本身也会耗费大量的能量，那么到达最后一个营养级的能量总量势必变得很少。这也是为什么食草动物数量通常比食肉动物多的原因了。

那食物链上每一级的营养损失有多少呢？这就说到了十分之一法则，或者称林德曼效率。这个发现是指大约只有十分之一的能量能通过食物链流入下一营养级。举个例子来说，如果一只鹰要吃10条蛇，那么必须有相当于100条蛇能量的老鼠供蛇吃，才能养活一只鹰。当然这只是一个模型的估算值，具体有多少能量流入下一营养级因生态系统的不同而不同。

有人提出，如果人类全部吃素，将能解决食物短缺的问题。我们现在以上面的知识来验证一下是否正确。根据十分之一法则，如果人以牛、羊等食草动物为食，那么1000公斤植物能提供100公斤牛羊肉，100公斤牛羊肉能养活10个人。如果人都去吃素食，那么这1000公斤植物（假如人能吃）就能养活100个人，也就是素食能供养的人数是肉食的10倍。所以这句话是有根据的，但具体这个办法是否可以大面积推广实行就另当别论了。

缩短食物链的例子在自然界确实是存在的。体形庞大的须鲸以很小的甲壳类动物为食，有人会问，这么巨大的动物竟然吃那么小的食物，它能吃饱吗？事实上，根据能量沿食物链传递的规律，须鲸以植食性的小型甲壳类动物为食比以大型食肉类动物为食更划算，因为这样能减少能量在小型甲壳类动物到大型食肉类动物过程中的损失。看来动物也是懂点"经济学"的呢。

## 人类的真实等级

现在来回答文章开头的问题，我们知道我们人类既吃蔬菜水果，也吃鸡鸭鱼、猪牛羊等肉类，所以我们是杂食性动物。在一条有5个营养级的食物链中，植物的营养级为1，以植物为食的动物为2，以食草动物为食的动物为3，以小型食肉动物为食的动物为4，以大型食肉动物为食的动物为5。那么一个素食主义者的营养级就是2，正常素食、肉食兼顾的人就是2.5（假定素菜与肉类的比例是1:1），纯食肉并且只吃牛、羊这种食草动物的人为3，纯食肉并且只吃猪这种杂食动物的人在3与4之间（具体的数值还得看猪所吃食物的素肉比了），纯食肉并且只吃黑鱼等食肉动物的人则为4。

一项对176个国家的人类食物消耗49年的食性分析表明，我们人类是处于食物链的中间。如2009年全球平均的人类营养级大约只有2.21，这与家猪和凤尾鱼的营养级差不多。

正确认识人类在食物链中的位置，可以让我们意识到我们只是大自然的一部分，不是主宰者，不是站在食物链顶端的王者，遵循自然规律，摆正自己的位置，不仅是我们人类的责任，也是生存规则。

## 非常问

**人们常说"贝爷"处于食物链的顶端,对吗?**

虽然贝爷什么都敢吃,生肉、活虫子都吃,但这并不代表他就是位于食物链的顶端。我们只能说他的野外生存技巧很高超。并不是吃的东西范围越广,在食物链中的等级就越高,原因文中已经说得很详细了。

注:贝尔·格里尔斯,《荒野求生》系列节目主持人。

# 热也是一种污染吗

我们听过大气污染,如这两年关注度特别高的雾霾,听过水污染,听过土壤污染,可你知道热也是一种污染吗?

是的,热也是一种污染。热污染是指现代工业生产和生活中排放的废热所造成的环境污染。热污染可以污染大气和水体。

## 热出来的城市毛病

说到热污染,可能很多同学会想到温室效应和全球变暖,这是近年来广受全世界关注的环境问题。温室效应是指大气对太阳光的透射率较高,大量阳光照到地球表面,被地面加热后会放出长波热辐射线(含有热量)被大气吸收,这样就使地表与低层大气温度升高,就像一个温室。如果没有大气层,地表平均温度会降到 $-23℃$,这也是许多外星球不适合生存的原因之一,没有大气层,不仅不能呼吸,也无法保证适宜的温度。这原本是地球生命的一个保障,但是由于二氧化碳等温室气体在空气中的含量增加，这种温室效应被增强，地球也变得越来越热。不过，温室效应并不是一种直接的热污染，那后者究竟是什么样子的呢？

城市的"热岛效应"也是近年来环境问题中新出现的一个词，这就是一种典型的热污染。我们可能都会有这样的经验，城市里，尤其是市中心，高楼林立、人口密集的地方，比乡下要热。我小时候一到暑假就去乡下的外婆家避暑，晚上几乎都不用电扇，有时候还要盖被子。确实，一般城区的年平均气温比城市郊区和周边农村要高0.5℃～3℃，如果要画等温线（在地图上把温度相等的点连成一条线），就可以看到以城市为中心形成的一个封闭高温区，犹如一个孤岛，所以被英国气候学家赖克·霍华德称为"热岛效应"。

这个热岛效应不仅是温度高而已，高温对我们人体的影响，我不用多说，大家应该都深有体会。它还会形成一个以城区为中心的低压旋涡，城市中工厂、汽车等产生的大气污染物都聚集在热岛中心，从而加重了城市的污染。

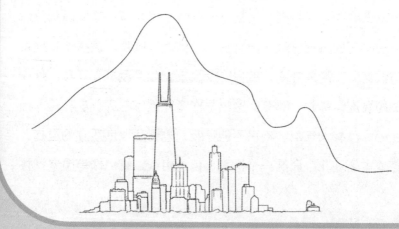

## 变热的河水也闯祸

不少工厂，尤其是发电厂需要用大量水来做冷却剂。所以排出工厂的水通常携带了大量的热，当这些水再被排到河里、湖里，就造成了对水体的热污染。有同学可能会问，不就是温度高点的水吗，能有什么污染？事实上，这些带有大量热的水对水生生物乃至整个水生系统会造成很大的影响。

水生生物本身对温度的变化就比较敏感，比一般陆地上的动物要敏感，因为水的比热容大，水温的变化比陆地温度的变化小。在自然状态下，夏季的水温就已经接近水生生物的高温极限。养过金鱼的同学就知道，大多数鱼在持续35℃的水温下是无法生存的，30℃的水温对许多水生生物有严重影响。

与此同时，水温升高，会带来一些物理、化学特性发生变化，比如水中溶解氧的含量就会下降，另一方面，随着水温的升高，水生动物的耗氧量也会迅速增加，这样氧气就越发不够用了。长期处于这种高温缺氧状况下，动物必然体质衰弱，抵抗力下降，这样就容易暴发疾病，可能会造成大规模的死亡。

热污染甚至会降低水生生态系统的生物多样性，并改变其中的物种组成。各种水生生物对温度的适应能力是不同的，在持续高温的环境下，许多不耐高温的种类死掉了。那么这个水生生态系统中的生物种类就减少了，整个系统中的物种多样性也降低了。另外，温度的上升，多数种类可能个体数量减少甚至完全消失，而个别耐热性强的种类就存活下来并发展壮大，这样生态系统中物种组成成分也就发生了变化。例如，在一般受热污染的水体中，喜欢冷凉环境的硅藻减少了，取而代之的是耐热的绿藻和蓝藻，而蓝藻就是臭名昭著的造成水华（淡水水体中藻类大量繁殖的一种自然生态现象）的主要生物。

一般来说，在水温为20℃的河流中，硅藻占优势；30℃时绿藻占优势；到35℃～40℃，蓝藻大量繁殖。所以，热污染对水体的污染会造成很多生态问题，生物多样性下降，可能会致使一些物种种群减少甚至濒临灭绝，形成水华，进一步加剧水体的污染和生态系统的破坏。

## 水温影响动物宝宝

水温的改变还会使水生动物的行为发生变化。温度对动物的繁殖、生长发育都有很大影响。有些鱼类在春季产卵，但是如果在冬季，水体温度因为热污染上升，让鱼误以为已经到可以产卵的春天了，那么鱼儿的产卵期就会提前。这样的话，小鱼孵出来，可能就因为季节不对，找不到吃的而饿死。

水温升高也会使水生昆虫提前羽化，而羽化后又因为陆地的气温过低而找不到对象，难以交配和产卵。个人觉得，这就如同给这些动物下了个套、制造一种假象，引诱它们进入圈套，最后却被困死在圈套里，很是残酷。

还有许多溯河性洄游的鱼类，如大马哈鱼，具有严格的入海和溯河而上的时间期限，这主要是对温度的反应。水温的升高就会打乱这些鱼入海和溯河的时间，从而影响它们的产卵和幼鱼入海。比如海水温度上升，大马哈鱼的成鱼溯河而上，来到产卵地。但产卵地的水温实际上还不适合产卵，那么有些鱼就可能没产下卵就死了；如果产卵地的水温上升，幼鱼们以为到了入海的时间了，就纷纷向海里游去，而到了海里水温还比较低，找不到吃的或者被天敌吃掉，也会造成大量死亡。

所以热也是一种污染，它应该引起我们足够的重视，应该让更多的人了解到它的危害。

### 造成城市热岛效应的原因是什么？

原因有五条。

第一，城市里有许多会散发大量热量的工厂和设备。大家熟悉的电脑、空调会产生热量，就更不用说大型工厂里的那些大型设备了。

第二，城市里的建筑物和道路都是水泥、沥青等做成的，这些材料导热率和吸热量都大。大家有没有在夏天正午的时候走在水泥路尤其是沥青路上脚底被烫到的经历？而走在泥土路上就不会。这就说明这些材料比自然材料更能吸热，这样也就会使大气温度升高。还有许多高楼大厦喜欢表面装满玻璃，玻璃对阳光的反射也会使温度上升。

第三，城市里绿地少，水泥等材料保水性差，水分蒸发量小（蒸发能带走许多热量），所以我们在树林里能明显感到气温比城市低。

第四，文章里说到热岛效应会形成低压漩涡，使得大气污染物聚集在城市中心，而这些大气污染物很多是"温室气体"，又进一步加剧了温度升高。

第五，城市里高楼林立，对风的阻力增大，风速降低，也就减少了热量的散发。

# 高尔夫球场是绿色荒漠吗

人们通常会用"绿草如茵"来形容一个足球场或者高尔夫球场。这些地方看起来的确生机勃勃……不管你用什么词来形容。尤其是高尔夫球场，绿地面积很大，其间还点缀有小沙丘和水塘，让人以为徜徉在大草原上。但是高尔夫球场美好的自然状态只是外表上的，它们的内心却是一个个绿色荒漠！

传统印象中，荒漠对应的都是荒芜、干旱、缺乏生机这些词汇。这些看起来跟高尔夫球场完全不沾边啊。虽然高尔夫球场不是像荒漠一样寸草不生，反而充满养眼的绿色，但是它对环境的不良影响却越来越受到生态学家和环保人士的关注，称它为"绿色荒漠"一点都不为过。

## 药和水

首先，高尔夫球场对草的种类和颜色的要求都很高，所以要保持高尔夫球场美丽齐整的草坪，就得不停地修整以及喷洒化肥、杀虫剂、杀菌剂、除草（杂草）剂等等，加起来能有五十多种！

农田喷洒农药后会造成土壤、水体污染。同样，高尔夫球场喷药后也会造成污染，化肥及农药能挥发进入空气中造成污染。如果想到高尔夫球场呼吸新鲜空气，那就算了吧。在那里不仅呼吸不到新鲜空气，还可能会吸入受化肥和农药污染的有害空气。虽然美国有科学家研究了高尔夫球手如果每天在施了化肥和农药的草坪上打球，吸入的农药成分低于美国环保署规定的无影响水平，但这个因素还是应该引起我们重视。

与此同时，化肥和农药还能随着降雨直接流到河流或者湖泊里，污染水体，或者随着水分通过草坪土壤渗透到地下水中。虽然相对于农田生态系统来说，由于草坪生态系统有草的大量叶片、枯草层、土壤有机物以及土壤中大量根系的吸收，草坪中化肥农药渗透下去的比农田少，但仍然是不可忽视的。氮肥对草坪草的生长是至关重要的，所以高尔夫球场会施用大量的氮肥，有些氮素会随着水通过土壤渗透到地下水中，导致水体中的氮增加，而这正是形成水体富营养化的最根本的原因。

除了需要大量的农药化肥，高尔夫球场还需要大量的水资源来维护。高尔夫球场占地面积很大，通常在八十公顷左右，这么大块草坪，每天的用水量可是很惊人的。有调查显示，北京全市所有高尔夫球场用水主要集中在 5 月～8 月，平均每个球场日用水量为 1000 吨。像北京这种人口多又缺水的城市，仅一个高尔夫球场每天就用这么多水，对水资源的利用是不太合理的。

### 荒凉的绿洲

如果高尔夫球场建在一块荒地上还好一点，实际上荒废的土地也不见得就是寸草不生的荒漠，也许杂草丛生，各种小虫子、小鸟、小动物欣欣向荣呢，但是如果建在一块林地上影响就更大了。高尔夫球场通常需要人工建造小丘陵、水道、水塘、草坪，以前的杂草、树统统拔掉，以前的景观不复存在，一切推倒重来，哪怕以前是一片看起来很漂亮的草地也不行。高尔夫球场对草的要求很高，都需要人工重新种上特定的草种。所以之前原有的生态系统基本都被破坏，原来生活在这里的小动物们也失去了家园，或者迁徙或者死亡。

经过上面这一番改造，势必会影响到当地的生物多样性。高尔夫球场上种植的都是单一草种的草坪，如本特草、肯德基（不是那个肯德基爷爷啦）、早熟禾、结缕草等，相对于自然草地，植物的多样性就降低了，更不用说跟林地相比了。

植物多样性降低，动物的多样性也会降低，大家也许去高尔夫球场的机会不多（"土豪"可以忽略），但是在高尔夫球场不太可能听到虫鸣鸟叫。除了高尔夫球场大量施用除虫剂外，也是因为球场内植物种类少，并且都是质地稠密、富有弹性且高度小于3毫米的草种，这样的环境不适合动物的活动和隐蔽。道理很简单，在又矮又密的草中，虫子爬也爬不动，藏也藏不住。既然虫子没有了，以虫子为食的鸟和其他小动物也不会有了。而且球场内又有人又有球又有电瓶车，还经常有人来养护草坪，人为干扰强度大，动物们就更不敢来了，所以说高尔夫球场是"绿色荒漠"一点也不为过。

综合农药化肥使用，物种多样性低下等因素的影响，高尔夫球场内环境会变得很差，病虫害发生率增大，草坪抵御逆境的能力下降，对草坪的养护力度加大，又施用更多的化肥和农药，进一步加剧污染和生态恶化，从而形成一个恶性循环。

除了以上的这些影响，高尔夫球场还会对城市环境造成影响。这些市郊的区域本来应该是以树木为主的生态系统，如果替换为草坪就会引发各种生态问题。因为相对于林木群落来说，草坪在涵养水源（前面说过高尔夫球场用水量很大），改良土壤（不仅不改良还可能造成污染），防止水土流失，调节城镇小气候，修复城镇受污染环境，改善城镇空气质量等生态服务功能方面的作用要逊色得多。所以，在市郊建高尔夫球场供少数富人娱乐消遣，不如多种树多为整个城市改善环境。

现在知道为啥叫高尔夫球场为"绿色荒漠"了吧？所以并不是绿色的就是自然的，尊重自然、遵循自然规律更加重要。

### 除了高尔夫球场，还有什么是"绿色荒漠"？

除了高尔夫球场，树种单一、树龄和高矮都一致的人工林、速生林、经济林都是"绿色荒漠"，由于树冠密集，会造成林下植被（乔木层下面的灌木、草本植物等）的缺乏。林下植被的缺乏会导致土壤保水性降低，增加森林火灾的风险。

除此之外，这里生物多样性低，生态系统非常脆弱，很容易遭受病虫害，一旦有病虫害，就会迅速扩散，造成很大的损失。

# 我的世界没有光明

不知道同学们会不会害怕又黑又湿的洞穴，反正我是挺害怕的，尤其是在看了几部关于洞穴不明恐怖生物的电影后就更加心有戚戚了。

有人可能会说有石钟乳的溶洞多美啊。石钟乳溶洞是很美，但是没有灯光，没有铺设观光道，你还会进去吗？黑乎乎一片、伸手不见五指，想必谁都会感到害怕吧。实际上，人们对洞穴的认识并不比海底和太空多。也正是因为这样的黑暗、这样的与世隔绝，才造就了洞穴里神奇的生态系统。

## 洞穴中的翔兽

说到洞穴，大家可能想到的第一种动物就是蝙蝠。没错，大部分的蝙蝠都生活在洞穴里，昼伏夜出。城市里蝙蝠越来越少见，但翼手目动物却是哺乳动物中的第二大家族，仅次于啮齿目（以老鼠为代表）。而且，蝙蝠家族还是唯一一类真正能飞的哺乳动物（鼯鼠只是算是滑翔）。

蝙蝠长相奇特，翅膀上没有羽毛，昼伏夜出，并且倒挂在树枝或石壁上休息，所以人们对蝙蝠的印象并不怎么好；更因为吸血鬼的传说，使得它们在西方世界是恶魔的代言人。但在中国，蝙蝠由于与"福"同音，所以是"福"的象征。不管是福还是祸，蝙蝠在洞穴生态系统中可起着很重要的作用。

蝙蝠是洞穴生态系统的优势种，也是洞穴生态系统动物群落的重要组成成分。洞穴生态系统相对来说是比较封闭的生态系统，而蝙蝠会飞出洞穴去捕食，给洞穴生态系统带来食物——便便。

蝙蝠的便便中含有它们从洞外捕食的、未被它们自身消化的昆虫的头壳、残肢、卵等部分，这样就给其他动物提供了营养来源。不要觉得恶心，它的便便可是养活了不少动物呢。试想一下，洞里面除了能照到阳光的地方几乎没有植物，动物类群也少，有蝙蝠便便这种营养还算丰富又得来毫不费功夫的东西吃就很开心了。还有蝙蝠自身的尸体也给不少动物提供了食物。除了食物，蝙蝠还会给洞穴里带来一些新的物种。比如蝙蝠便便里的虫卵，如果有适合在洞穴里生长发育的种类，就会开始在这里开始新生活。这些新移居来的昆虫由于来到新的环境中生活，可能导致生态习性以及生理特征上的变异和特化，甚至形成新的物种。这样看来，说蝙蝠是洞穴生态系统的"造物主"也不为过啊。

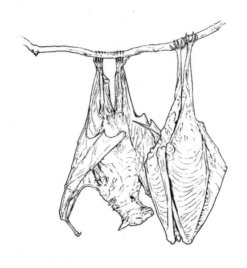

## 千足之虫

说完蝙蝠,我们再来说说洞穴中的马陆。马陆又叫千足虫,顾名思义,脚很多,它就是上面说的以蝙蝠便便为食的一种动物。马陆也喜欢阴暗潮湿的地方,所以洞穴里也有它们的身影。它们其实比较常见,但经常会被误认为是蜈蚣,其实很好区分啦,马陆的身体是隆起来的(也有扁的),而蜈蚣是扁扁的;马陆的腿看起来没有蜈蚣的腿长,但比蜈蚣的腿多,蜈蚣每个体节只有一对足,而马陆有两对足(除了第2节~第4节)。马陆是生态系统中重要的"分解者",多以腐殖质为食,包括蝙蝠的便便。除了马陆,还有一些甲壳虫、蜗牛等以动物便便为食。

但是,不管是蝙蝠还是马陆,都还不算真正的洞穴生物。

多数学者把生活在洞穴里的动物分为客居动物、半洞穴动物和真洞穴动物。客居动物就是不是一生都生活在洞穴里，而是把洞穴当作越冬、避灾的好地方，蝙蝠就是客居动物，它们会飞出去捕食，它们多栖息在洞穴入口的弱光带。半洞穴动物是出了洞穴也可以活的动物，它们的体色等特征并没有发生多大变化，马陆就是一种半洞穴动物。真洞穴动物生活在洞穴的黑暗地带，它们的体色多为透明的、眼睛也退化掉了，真洞穴动物是出了洞穴就活不了的。

## 真正的洞穴住客

因为洞穴深处没有光明，所以很多洞穴生物产生了一系列的生理形状上的变化，比如体色退化甚至变得透明；眼睛也退化了，甚至连视神经都消失了。比如盲鱼的眼睛就失去了作用，身体呈现出一种近乎透明的奶油色，并且这些鱼类既不怕冷也不怕热，还能忍受饥饿，相当适应洞穴中饥一顿饱一顿的生活。

虽然眼睛没有了，但是感觉器官还是需要的。所以洞穴生物的触觉通常很发达——看不见就要靠摸或者闻了。比如盲鱼有发达的吻须，可以代替眼睛辨识物体。有一种洞穴蟋蟀触角能长达10厘米以上，你觉得不够长？要知道，这种蟋蟀的身长只有大于5厘米而已。其实它们的祖先并不是生活在洞穴中的，有眼睛、体表也有颜色，但是偶然的情况进入漆黑的洞穴中，渐渐适应了洞穴的黑暗环境，演变成现在的模样。

### 此处有光有陷阱

在无光的洞穴里面出现些许光亮，如果你是一只昆虫，一定要按捺住自己的激动心情，否则就可能掉进洞穴发光虫的陷阱。这些特殊的虫子能制造特殊的丝帘。这些丝帘不像蜘蛛丝那样是固体，而是很黏的液体。一串串"丝线"挂在洞顶上，还能发光来吸引其他小昆虫。总有倒霉的小昆虫经不起光的诱惑，兴冲冲地奔过去，结果就会被丝帘黏住，最终成为洞穴发光虫的盘中餐。

虽然绝大多数洞穴生物为了活命还是要费尽心机来找食物，但是有些生物却毫不关心吃喝之事，就像科幻电影中描绘的外星生命一样。科学家在澳大利亚纳拉伯平原一个充满水的洞穴中发现了一种帘幕样的生物，被称为纳拉伯洞穴黏菌。它们完全不需要阳光，也不需要进行捕猎，而是利用水中的氨，以一种非常特殊的方式进行代谢，维持自己的生命活动。

虽然洞穴生态系统很神奇，但是也非常脆弱。因为生活在这里的生物类群相对比较单一，食物网结构也比较简单，并且多为无脊椎动物。这些动物对环境比较敏感，一旦环境被污染或被破坏就无法生存。加之真洞穴生物完全适应了洞穴环境，一点小改变它们都可能适应不了。所以虽然有些生物的世界没有光明，但它们依旧很快乐，我们人类应该好好保护这片未知的净土。

## 非常问

### 吸血蝙蝠真的那么可怕吗？

吸血鬼的故事，让许多人对吸血蝙蝠心存恐惧，吸血蝙蝠确实以动物血液为食，偶尔也吸食人血，但并没有吸血鬼那么可怕。它们长相丑陋，但是体形很小，也无法一次性吸干一个成年人的血。它们往往寻找熟睡中的动物（牛、马、鹿等），爬到肩部或颈部，用它们锋利的牙齿切开皮肤，然后舔食血液。

它们的唾液中因为有抗凝血的物质，所以可以一直舔到饱，但是因为被它们吸过血而死掉的动物还是少数。但是吸血蝙蝠能携带八十多种病毒，这些病毒中有很多是人畜共患的（动物和人可以相互感染），其中包括狂犬病、埃博拉这种令人闻风丧胆的病毒。所以被吸血蝙蝠吸点血没什么，可怕的是被传染它们所携带的病毒。

# 个体？群体？傻傻分不清楚

不知道大家有没有想过这么一个问题：我们的身体是由一个个器官组成的，而器官则是一个一个细胞组成的，如果这些器官或者细胞离开我们的身体，单独存活会是怎样的情形？奔跑的心脏？吃东西的肺？……这样的场景，光听起来就够奇异了。

### 不是水母的管水母

当然，这在人和其他哺乳动物等高等动物身上是不会发生的。但是大千世界无奇不有，还真有一种生物就像是一群不同的器官共同生活在一起，每一个"器官"都是一个个体。这种奇特的生物就是管水母。

管水母是隶属于腔肠动物门水螅纲的一类生物，大家比较熟悉的僧帽水母就是一种管水母。所以说，大家平常在电视和水族馆看到的僧帽水母并不是一个个体，而是一个动物群落！

其实这个也不难理解，比如珊瑚，看起来是一个整体，实际是由许多小珊瑚虫组成的。不同的是管水母的不同个体之间形态和功能都出现了很大的分化，它们共同生活在一起，各司其职。就像我们人有消化器官、运动器官、生殖器官等一样，管水母也有专门的吃货（负责进食或者捕食）、代步器（负责漂浮或者游泳）、保镖和生殖个体。

### 管水母的身体零件

管水母是由两类不同形态的个体组成的，一种是长得像水母的水母体，另一种则是形同水螅的水螅体。

水母体由四种基本成员组成，它们分别是游泳个体、漂浮个体、保护个体和繁殖个体。其中，游泳个体通常是一个典型的水母形状，也有的呈两侧对称的扁平状或棱柱状等等。一般来说，游泳个体肌肉都很发达，所以有很强的游泳能力，可以为管水母提供"航行"的动力。

漂浮个体，又叫浮器。它是由一个外面的伞状壁和一个里面的伞状壁组成的，就像一个大伞里面套个小伞。两个伞之间就是胃循环腔——就是消化器官。有意思的是，在里面的小伞上泌气腺，可以分泌出成分和空气类似的气体供其漂浮。僧帽水母的浮器可以长达10厘米～15厘米，浮力是足够的。但是，僧帽水母并没有"雇用"游泳个体，所以僧帽水母是没有动力的，只能随波逐流。

保护个体又叫叶状体，呈厚胶质的棱柱状，或者像叶子，或者像头盔，这样的形状很明显是起保护作用的，但其也有简单的或者分支的胃循环系统。

生物的终极目的是繁殖后代，所以少了谁都不能少了繁殖个体。管水母有雌雄个体之分，但是从整个群体来说，它们是雌雄同体的（如果把一个管水母群体看作一个整体的话），在多数情况下，雌雄繁殖个体呈水母状，而雄性繁殖个体为囊状。精子和卵子排入水中进行受精，受精卵发育成浮浪幼虫，孤独地在大海中漂浮一段时间之后，就以出芽生殖的方式形成群体。群体再以无性生殖的方式继续繁衍壮大。繁殖个体可以离开群体自由游泳，但不能摄食，排出生殖细胞后就死亡。

水螅体有三种基本成员，分别是捕食个体、进食个体和繁殖个体。捕食个体顾名思义是负责捕食的，它们有细长的触手，并且上面有刺丝囊细胞，可以捕捉小动物，也有御敌的功能。进食个体就是捕食个体抓来的食物给它吃，大树底下好乘凉，它们是一种管状结构，每根管都有一个独立的胃和喇叭状口。

繁殖个体没有口也没有触手，可以分裂出芽，产生的水母体再进行有性生殖，然后再生出下一代的管水母群体。

## 群体还是个体

一个管水母群体是由许多不同类型的水母体和水螅体组成的，这与高度社会化的蜂蜜有点类似。在蜂群中，工蜂、雄蜂和蜂后有着各自不同的职责，由蜂后繁殖产生工蜂和雄蜂。但与蜂群不同的是，管水母群体里的有些个体无法自由活动，无法单独存活，并且它们更加特化，每一个个体都被安排了精确的运作模式。这种模式在同一个物种的不同群体间是相同的，精确得就像是由统一的大脑来操作。但实际上它们没有这样一个大脑来统一下达指令，所以它们亲密无间的合作让许多科学家感到不可思议。

更重要的是，管水母这种奇特的群体，或者叫作社会模式，让我们不禁开始重新审视：什么是"个体"？

你可以很不假思索地称一个人或者一只狗为一个个体，但是我们人也是许多器官的集群，每个器官又是不同组织和细胞的集群。再往小了说，每个细胞又是不同的细胞器的集群，甚至每个分子由许多原子组成……在科幻小说中就有把一个物体甚至是人隔空传物，分解成一个个分子，再组装起来的情节。目前看来这简直是异想天开，但实际上在量子物理学的理论中也是有可能的，说不定哪天就能实现了。

再往大了说，一片森林、一个生态系统可以看作一个整体，里面的生产者、消费者和分解者也可以看作不同的器官。当然，这只是一个思考，在科学面前，我们要保持一颗饥渴的头脑，随时准备接受新知识，甚至是推翻重来。

再回到管水母上来，从生态学上来说，管水母集群是一个个体，它们聚合在一起才有了完整的生物功能；从行为学上来说，整个集群是一个个体，它们互相依靠才能完成一个完整的行为。但是从进化上来看，管水母是一个群体，由许多个体组成，每个个体有不同的遗传特征。并且，我们可以明确地把管水母分为水母体和水螅体两种类型，因为从亲缘关系上看，我们能分辨出哪个个体是演化自哪个祖先。

说到这里，个体还是群体已经不重要了，大自然才是最大的哲学家，让我们永远能够提出新的问题并追寻答案。

水母为什么大都是透明的？

水母身体里 98% 都是水，并由内外两个胚层组成，两层中间还有一层很厚的透明的中胶层，其他都是蛋白质、脂质构成，没有骨骼、心脏、血液等构造，所以整体是透明的。另外，有些水母由于生殖腺或胃囊带有颜色，所以局部会呈现不同的颜色。

# 盖亚假说——地球是活的

在希腊神话中，盖亚是大地之神，是众神之母，她是混沌中诞生的第一个神祇，也是能创造生命的原始自然力之一。如果在中国神话中要找一个与之地位相当的神，那就是开天辟地的盘古了，从混沌中分开天与地，造就山川河流。所以从这个名字，我们可以做个初步的判断，盖亚假说与整个地球相关。不仅相关，它还把地球看作一个有生命的活体！虽然不是传统意义上的"活的"生命体，但盖亚假说认为地球是一个有自我调节能力的有机体。

## 从火星到地球

说起来，盖亚假说提出的引子不在地球，而在火星。20世纪60年代初，美国宇航局（NASA）在研究火星上是否有生命存在时，邀请了英国科学家詹姆斯·洛夫洛克参与这个项目。洛夫洛克提出一个特别的方法来搜寻火星的生命迹象，甚至于不用把航天器扔到火星表面上去，只是分析一下火星大气的构成就足够了！这听起来就像是痴人说梦，不过，这个方法从理论上说是没问题的！

生命的一般特征是吸取能量和物质而排出废物，就像我们吸入氧气，排出二氧化碳一样。而生物体会用行星大气层作为循环的媒介。洛夫洛克认为，因为地球大气中有21%的氧气和相当数量的甲烷，这两种都是极易发生化学反应的气体，如果在没有生命的条件下，这些气体会很快消失殆尽，正是生物的存在让这两种气体处于不停地循环当中，同时维持适当的比例。

反观火星大气就不同了，95%都是二氧化碳，只有少量氧气。所以火星大气层在化学上是死寂的，如此反推就可以知道，火星上没有生命活动！尽管洛夫洛克通过分析火星大气成分认为火星上没有生命，但NASA还是发射了探测器去火星上寻找生命。但也正是因为这个研究，盖亚假说在他的脑海里诞生了。

## 地球是个活的整体

盖亚假说认为，地球是个由生物反馈而实现自我调节的活着的有机体。简单来说，就是生物体的各种生命活动都在改造环境，使环境条件尽可能地适合自身的生存。特别是细菌，与地球无机系统相互作用，稳定了全球的环境。如果地球大气的温度和构成等受到外部因素或其他原因的干扰（如人类活动排放过多的二氧化碳），生物会通过生长和自然选择反馈来调节环境，使环境再变得利于自身的生存。比如，植物快速生长和繁殖，吸收掉过多的二氧化碳，削弱温室效应，甚至会引发部分物种的灭绝。总之，地球上的生物体负责维持地球气候等环境要素的稳定。另一个方面，环境反过来也会影响生物进化的过程。

各种生物体与其生活环境之间主要以负反馈相连接，从而保护地球生态的稳定。负反馈是什么意思呢？最直观的例子，就是人体对血糖浓度的调节。我们都知道，人体的血糖必须维持在一个适当的范围内，否则就会惹出糖尿病这个大麻烦。所以，对正常人来说，当血液中血糖浓度升高时就会刺激胰岛素的分泌，从而来降低血糖，将血糖维持在一定浓度范围内。而我们的地球也是在尽力维持一种平稳的状态。

盖亚假说还认为大气能保持在稳定状态不仅取决于生物圈，在一定程度上是为了生物圈，而且各种生物调节其物质环境，是为了给各类生物创造更好的生存条件。这样就给地球加上了目的性和意识。

## 盖亚假说的证据

看似疯狂的言论，也不完全是一拍脑袋就想出来的，盖亚假说也有一些证据的支持。

证据一：生物可改变大气的组成成分，并维持其相对平衡。在地球形成初期，大气的主要成分是二氧化碳、氮气、甲烷和氢气等，处于还原态，后来随着海洋藻类等原始植物的出现，其光合作用产生的氧气逐渐增多。慢慢地，大气环境从还原态变成氧化态，地球上的大部分厌氧生物也转变为好氧生物。这就体现出生物体的生命活动改变环境，而环境也反过来影响生物的进化。

证据二：在过去的46亿年中，太阳的辐射能量约增加了30%。理论上说，太阳辐射强度增减10%就足以使全球海洋全部蒸发干涸或者全部冻成冰。但是尽管地球史上出现过3次大冰期和大冰期内的暖热期交替变化，但是地表的平均温度变化仅在10℃左右，这就说明地球存在某种内部的自我调节机制来维持地表的温度。但太阳发光不强时，地球大气层里的二氧化碳和甲烷等温室气体含量一定很高，其温室效应就增强，维持了温暖的气候；而当太阳的辐射能量逐渐增强时，也一定有某种机制把大气层里的二氧化碳搬走了，这种机制就是植物的光合作用。

盖亚假说一经问世就引起了巨大的反响，甚至洛夫洛克还被选为2008年"世界十大疯狂科学家"之一。洛夫洛克也一直不被主流科学界所接受，但也受到了很多科学哲学家以及环保主义者等的拥护和支持。

## 强弱盖亚

盖亚假说分为两个层次：弱盖亚和强盖亚。弱盖亚指生物对环境有显著的影响，生物的进化和环境的进化是交织在一起的，相互影响的。在这一点上并没有什么争议，所以称为弱盖亚学说。上面所列举的两个证据也主要是支持了弱盖亚学说。

强盖亚是指把生物圈视为一个地球巨型生理有机体，生命使地球的物理和化学环境条件最优化，以最大程度满足自身的需要，对于这一点有很大的争议。关于强盖亚学说的争议主要集中在以下四个方面：第一个就是关于生命的定义，生命的传统定义是能生长、能繁衍的有机体，而地球显然不符合这个生命的定义。第二个方面是如果把地球作为一个负反馈调节系统，那么应该怎么理解该系统的目标？到底是处于某种意义的设定呢，还是无意识的自发状态呢？而盖亚假说并没有明确地说明这一点。第三个方面在于如何理解盖亚的自动平衡态，上面也指出，地球自诞生以来，大气成分和温度已经发生了很大的变化，显然不是处在一个平衡稳定的状态。第四点就是，洛夫洛克只通过建立计算机模型和模拟实验来进行研究，却没有实际的研究，也就没有实际的证据。

目前来看，盖亚假说更像一个哲学理论而非生态学理论，但也许哪一天人们就能找到"地球是活的"的实实在在的证据了。

很多理论诞生之初听起来都像疯人疯语，但后来被逐渐证实和接受。无论是与非、真与伪，正是这样一个个假说及其带来的争论推动了科学的发展。

## 非常问

### 有没有遗传物质也可以复制的生物呢?

生命体离不开蛋白质和核酸。实际上还存在一类体内只有蛋白质而没有核酸的生物——朊病毒,严格来说它并不属于病毒。它没有核酸但仍可以自我复制,具体复制机制目前科学家们也没有给出明确的答案。

朊病毒跟病毒一样有感染性,最早发现它就是因为"羊瘙痒症",英国生物学家阿尔卑斯用射线破坏病羊组织中的DNA和RNA后,其组织仍有感染性,所以推断致病因子是蛋白质。另外,令人"谈虎色变"的疯牛病和人的克－雅氏症都是朊病毒引起的,能导致家畜和人的神经系统退化,最终不治身亡。

# 关于碳的这些名词你都了解吗

木炭，煤炭，焦炭这些碳都是我们常听说的碳，与这些碳相关的"温室效应"、"温室气体"近年来逐渐被人熟知，并且近乎路人皆知。但要说起"碳汇"、"碳足迹"、"碳交易"恐怕了解的人就不多了吧。

## 碳的生命旅程

你可能不是天天接触木炭、煤炭，但是一定天天在接触碳水化合物。对地球生命来说，碳水化合物就是生命燃料。如果在外星球上发现了碳水化合物就表明有生命存在的可能性。碳水化合物由碳、氢、氧三种元素组成，由于氢和氧的比例与水中氢和氧的比例相同，所以被称为碳水化合物。

它是自然界中存在最多、具有非常多样化的化学结构和生物功能的化合物，也就是通常多说的糖类化合物。它是一切生物体的能量源泉（除了一些硝化细菌和硫化细菌等），也就是

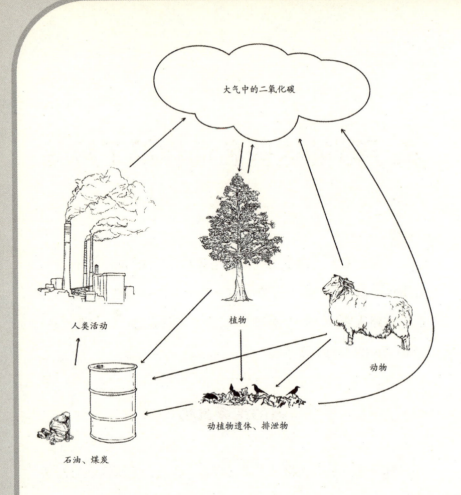

说所有的生物体中都含有碳。

当生物体死去，遗骸经过长时间的地质变化而形成我们所使用的煤、石油、天然气等化石能源，所以化石燃料中含有碳。其中的碳经过燃烧等反应后就会生成二氧化碳，二氧化碳就是主要的温室气体。

不要觉得二氧化碳就是个坏东西，因为所有生命的碳源都是二氧化碳！二氧化碳储存在大气中或者溶解在水中，陆生植物或水生植物通过光合作用把大气或水中的二氧化碳固定下来生成糖类，然后这些糖类通过食物链被传递，在生物呼吸作用中有二氧化碳产生，还有死掉的生物体通过分解者的分解作用释放出二氧化碳，这样二氧化碳就又回到大气或水中。如果动植物的尸体埋入水底，那么其中的碳就会暂时离开碳循环，但是经过漫长的地质年代，又以石灰岩或珊瑚礁的形式再次露出水面，也有部分形成化石燃料。

在自然条件下，植物通过光合作用从大气中摄取碳的速率与通过呼吸和分解作用释放的碳回到大气中的速率大体相同，所以碳循环处于一个动态平衡状态，大气中的二氧化碳含量也就处于一个固定的水平。但是随着人类活动的增加，一方面大量砍伐森林，使得植物通过光合作用摄取的二氧化碳减少；另一方面大量使用化石燃料，使得更多燃烧产生的二氧化碳进入大气，碳循环的平衡被打破，大气中的二氧化碳含量就不断增加，最终导致温室效应不断增强。

## 储存二氧化碳的大买卖

为了控制二氧化碳的急剧上升，一种新的碳出现了，那就是碳汇。这种碳不是放在我们家里面的，而是指森林吸收并储存的碳的数量，也就是说可以把森林看作一个储存碳的仓库。森林面积越大，树木越多，这个仓库就越大，那么储存的碳就越多。全球碳的总量是一定的，储存在森林中的越多，那么大气中的碳（以二氧化碳的形式存在）就会越少。

除了森林有碳汇的作用，其实草地、农田、海洋都有碳汇的作用，并且单位海洋中储存的碳的量是森林的10倍。但是海洋碳汇不容易人为控制，而植树造林更容易实现，所以森林碳汇还是占主要地位。

1997年，《联合国气候变化框架公约》在日本京都签订的《京都议定书》中，把森林碳汇纳入议定书规定的清洁发展机制，它背后蕴藏的巨大经济利益才引起了各国的重视。《联合国气候变化框架公约》和《京都议定书》对各合约国分配了二氧化碳排放的指标，因为发达国家已经通过工业发展排放了大量的二氧化碳，如果发达国家已经没有办法再通过技术革新等办法降低二氧化碳排放量，而它的排放量又超标，那怎么办呢？

解决办法是，通过向发展中国家投资植树造林来购买排放量。发达国家超标排放了二氧化碳，但是可以通过植树造林来将这部分二氧化碳固定在森林中，也就抵消了超排的这部分二氧化碳。森林通过光合作用吸收二氧化碳，相比其他的工业吸收方法来说，成本更低更容易实现，所以说森林碳汇背后蕴藏了巨大的商机，甚至有"绿色黄金"之称。而且，森林碳汇所带来的生态效益和社会效益更是无法用金钱衡量的。由此也可以看出，保护环境不是阻碍经济的发展，而是改变经济增长方式，前期可能有改变引起的阵痛，但这却是更为高效和长远的发展方式。

## 用碳有痕迹

当然，碳不仅是国家和国家之间的事情，我们每个人都在跟碳打交道，那就是碳足迹。简单来说，这就是一个人或者一个企业在各种活动中所消耗的碳的量。碳足迹越大，就表明碳消耗得越多，碳足迹越小，你所消耗的碳就越少，也就是所谓的低碳生活。

拿个人来说，开车需要消耗汽油，汽油燃烧会产生二氧化碳；家居电器的用电也是在消耗碳，因为电大部分还是通过烧煤产生的；浪费纸张或者使用一次性筷子也是在消耗碳，因为它们都是由植物制造的；每天产生大量的垃圾，并且不进行回收利用也是在消耗碳，它们或是以植物为原料，或是在制造的过程中消耗了化石燃料等能源。

所以我们可以计算一下我们每天的碳足迹，实际上已经有碳足迹计算器可以帮助我们算出我们自己或一家人的碳足迹。比如，你一天乘坐公共汽车10千米，或者自己开车10千米，或者用电10度，就可以通过输入碳足迹计算器算出你产生了多少二氧化碳，并且它还会告诉你可以通过种多少棵树来抵消这些二氧化碳。

通过碳足迹的计算可以直观地让我们认识到自己的活动产生了多少二氧化碳，并且能意识到不同的生活方式会有不同的影响，我们就能更好地理解和认识到低碳生活的重要性，自觉去选择二氧化碳排放量低的生活方式了。

最后再提醒大家，要想多消耗碳，先算算你需要种几棵树吧。

## 非常问

### 植树造林可以解决碳排放问题吗？

一辆私家车平均一年的碳排放量为2500千克，需要种160棵树才能吸收，而这些树木至少要1000平方米的土地才可以种下。以目前可种植土地的面积，我们是不可能利用树木来吸收日益增多的碳排放量的。从总量上来看，当前植物光合作用每年从大气中捕获的碳只有30亿吨，而为遏制气候恶化，每年需要从大气中减少约90亿吨碳。即使把世界上所有可利用的陆地都种上树，恐怕也不能控制大气中的二氧化碳增加。

# 沙漠的侵略

沙漠也能有侵略性？当然这只是个比喻，我想说的是土地沙漠化问题。沙漠化并不是沙漠面积不断扩大，沙子淹没了良田和肥沃的土壤，而是一种土壤退化情况。具体来说就是由于干旱少雨、植被破坏、大风吹蚀、流水侵蚀、土壤盐渍化等因素造成的大片土壤生产力下降或丧失的现象，进而好好的土壤都变成了沙漠。这个问题远比我们通常想象得要严重。

## 骇人的数字

沙漠化更准确地说是荒漠化，也就是说，这些土地并不是最终都会变成沙漠，只要是干旱、半干旱甚至半湿润地区自然环境的退化都叫作荒漠化。

"荒漠化"始于20世纪60年代末和70年代初，非洲西部撒哈拉地区连年严重干旱，造成了空前的灾难，引起了国际上的广泛重视。在1992年6月的世界环境和发展会议上，防治荒漠化被列为国际社会优先发展和采取行动的问题，并于1993年世界各国开始了《联合国关于发生严重干旱或荒漠化国家（特别是非洲）防治荒漠化公约》（名字真够长的，以下简称公约）的政府间谈判。我国也是《公约》的缔约国之一。截止1996年，全球荒漠化的土地已达到3600万平方千米，占到整个地球陆地面积的四分之一！相当于俄罗斯、加拿大、中国和美国国土面积的总和！全球受荒漠化影响的国家多达一百多个，直接受到威胁的人口高达十二多亿，并且荒漠化还在以每年5万～7万平方千米的速度扩大！

我国是荒漠化最严重的国家之一。全国第四次荒漠化和沙化监测结果表明，全国荒漠化土地面积为262.37万平方千米，沙化土地面积为173.11万平方千米，分别占国土面积的27.33%和18.03%。其中可治理的沙化土地面积为53万平方

千米，如果按每年治理1717平方千米的速度计算，完成全部治理任务也要300年！

目前，就连风吹草低见牛羊的呼伦贝尔草原也难敌荒漠化的危害，沙化面积以每年一万公顷左右的速度扩展。谁也不希望这样的美景在多年后消失了吧。

## 还土地绿色被子

至于荒漠化的原因，主要是干旱少雨、植被破坏、大风吹蚀、流水侵蚀和土壤盐渍化五个原因。干旱少雨很好理解，没有水，植物就很难存活，土壤也就成了沙子；大风吹蚀就是地表疏松的沙土或黏土被大风吹走；流水侵蚀就是下雨把地表的土壤带走，也都很好理解。重点说说植被破坏和土壤盐渍化。

如果把一片土地上的植被都去除掉，这片土地的状态会发生很大变化。最直接的就是导致蒸腾作用的消失。蒸腾作用是可以消耗热量的，每蒸腾1毫升水需要消耗$2.45×106$焦的能量，但是如果蒸腾作用没有了，原来用于蒸腾的这部分能量就会转变成热能，使土壤增温；原本要蒸腾掉的水分也没法再蒸发进入大气，而是留在了土壤中，所以土壤湿度增加。咦，土壤湿度增加不是好事吗？

事情没有这么简单，虽然土壤湿度增加，但是有效水分贮存的能力降低了，因为这部分水分很容易就随着地表径流（降雨等在重力作用下沿地表流动的水流）流走了，而无法保存在土壤中。随着径流流走的还有土壤中的大量营养物质，也就是各种离子，如钠离子、钙离子等等，那么土壤的肥力也就下降了。又因为径流增加，没有了植被根部的固定作用，流水对土壤的冲刷和搬运能力加强，也就造成了水土流失。就这样，慢慢地，肥沃的土壤就会失去水分和营养物质，或者随着径流流失，露出下面的岩石，就变成了荒漠。这也反过来向我们证明了植被相应的生态功能——降低气温、水分涵养、水土保持等等。

　　盐渍化是指土壤底层或地下水中的盐分随毛管水（受毛管压力作用而保持在土壤空隙中的水分，就像很细的管子中的水由于受到毛管力而不会在重力的作用下流出来）上升到地表，水分蒸发后，使盐分积累在表层土壤中的过程。所以盐渍化与植被破坏正好相反，植被破坏是土壤中的盐分（也就是各种离子）流失、减少，而盐渍化是土壤中的盐分增加。所以盐分过多过少都不好。太高了会"烧死"植物，因为如果土壤水分中的离子浓度高于植物根部细胞内的离子浓度，就会迫使细胞内的水分流失，进而枯死掉了。

　　造成盐渍化的原因比较复杂，降雨、温度、水分蒸发、植被覆盖、土壤类型、土地利用方式、地下水位以及某些大型工程（比如大坝、南水北调工程）等因素都会影响土壤盐分的积累。这里我就简单说一下植被和灌溉的影响。植被能减少地表水分蒸发，进而减少盐分的积累，所以破坏植被会加重盐渍化。农田灌溉不当，只灌溉不排水，就会使农田下方的地下水位上升，使得地下水中的盐分进入表层土壤，水分蒸发后，盐分就留在了土壤中。

上面提到的五种原因并不是单独作用的，而是好几个因素相互作用。除此之外，还有气候变化等自然原因，以及过度放牧、过度开垦、水资源的不合理利用等人为因素最终使得自然环境退化、土壤生产力下降，甚至变成沙漠。荒漠化不仅会造成植被减少（植被减少是原因之一，也是后果之一）、水土流失，甚至沙尘暴等恶劣天气，它也是一个非常严峻的社会经济问题，因为土地为我们提供了粮食和其他经济效益，土地荒漠化无疑会造成粮食减产和其他经济损失，有些因素甚至会危害到社会稳定。

虽然人为因素多种多样，但究其根本原因还是人口对土地的压力过大，现有土地的生产力满足不了我们膨胀的欲望，可是我们索求越多，越适得其反，得到的反而会越来越少。所以解决问题不能只靠植树造林，改造沙漠为绿洲，更重要的是要降低人口对土地的压力，找到一条既能满足我们的需求，又能保持土地原有生态功能的平衡之路。

## 非常问

### 沙尘暴究竟是什么？

沙尘暴是指强风将地面尘沙吹起使空气很混浊，水平能见度小于1千米的天气现象。它包括了沙暴和尘暴，在有大风以及尘、沙源的条件下就会形成沙尘暴。虽然沙尘暴危害健康、污染大气、卷走土壤，造成经济损失，但它也不是一无是处。

沙尘暴是自然生态系统的一个部分，沙尘暴中携带的不仅有沙和尘，也有一些营养物质，科学家们已经证实有不少生态系统的营养来源就是沙尘暴，比如亚马逊热带雨林。另外，沙尘暴中所含的碱性物质可以减缓酸雨和土壤酸化。

# 生态学家偏爱岛屿

说到岛屿，大家是不是都想到了度假天堂马尔代夫，抑或是因动画而出名的马达加斯加岛？在生态学家眼里，岛屿因为与大陆隔离，是个理想的天然实验室。与岛屿相关的理论也有不少，甚至还发展出了专门的岛屿生物地理学。

## 岛屿上的生物多少

岛屿生物地理学最初是由麦克阿瑟和威尔逊提出来的，他还总结出了一个公式：$S=cA^z$，其中 S 表示物种种数，c 表示单位面积的种数，A 表示面积，而 z 是种数——面积关系中回归的斜率。不明白？没关系，简单来说就是，岛屿面积越大，生活在岛屿上的物种种数就越多。这是为什么呢？

因为面积越大，生境复杂性就越大，就可以养活更多的物种。就好比咱中国，面积世界第三，有平原，有高原，有山川，有盆地，有河流湖泊，有戈壁沙漠，还有冰川海洋，地形复杂，

生物多样性也高；而邻国日本因为面积小，就只有山地丘陵和平原以及海洋，生物多样性水平也没那么高。

还有一个地方需要注意，那就是中国是大陆国家，而日本是一个岛国。面积与物种数的关系和大陆上的也一样，随着调查面积的增大，看到物种数目也会增加。但不同的是，反过来，随着面积的减小，物种数目减小的速率，岛屿要比大陆明显地快。这是岛屿相对于大陆有隔离作用，降低了物种迁入的作用。也就是说，大陆面积减小，生物多样性降低，但是外面的其他物种跑进来的可能性比较高。而岛屿因为与周围环境隔离，其他物种上岛的可能性就较低。也就是说，如果在中国找一块与日本面积相等的区域，那么其中的物种数目还是会比日本多（但是如果你非要去新疆宁夏的戈壁沙漠那儿划一块地，那就很可能不成立了）。

除了面积，岛屿与大陆的距离也影响着物种数目。上面说到岛屿的隔离作用降低了岛屿的生物多样性，那么岛屿与大陆的距离也会影响物种数目。因为动物包括植物是有一定迁移能力的，比如鸟能飞，某些动物能游泳，植物种子能随风飘移，但是这个迁移能力是有限度的，从中国飞到日本也许比较容易，但是要从中国飞到太平洋中的小岛（比如中途岛）上就难了。所以岛屿与大陆的距离越大，物种数目就越小。

麦克阿瑟等还从岛屿生物地理学研究中提出了群落结构的平衡说。这个平衡说大致就是说岛屿上的物种数目决定于迁入物种和灭亡物种的平衡，并且这是个动态平衡。这也不难理解，在这个岛屿上有物种灭绝，也会有新的物种或者同一个物种的新的个体从岛外迁入。这样进进出出，岛屿上的物种数目就能保持一个动态平衡状态。

当岛上没有任何物种的时候，任何迁入的物种都是新的，所以迁入率最高。迁入的物种在岛上定居下来就变成留居种，随着留居种的增加，迁入的物种数目就会减少，因为种源库是一定的（种源库即大陆上的所有物种），这时迁入率就下降了。当种源库所有物种都要个体迁入岛屿时，迁入率就降低为零。此外，迁入率还与岛屿的面积大小和大陆的距离远近有关，大的、近的岛迁入率高，小的、远的迁入率低。

同样的，灭绝率也受岛的大小的影响，可以想见，大的岛灭绝率低，因为面积大，资源就更丰富，小的岛灭绝率高。如果把迁入率曲线与灭绝率曲线重叠在一起，那么其交叉点上的物种数，就是该岛达到平衡状态时的物种数。由此，我们可以知道大岛比小岛能维持更多的种数，也就是说大岛上的物种数比小岛多。随着岛离大陆距离由近到远，平衡点的物种数逐渐降低。

## 岛屿上面变新种

岛屿与进化也有联系，我们知道隔离是新物种形成的重要机制，而岛屿最大的特点就是与大陆隔离，所以岛屿的进化比大陆上的相同物种快。

这并不是说岛屿上的物种进化得比大陆快，而是说同一个物种从大陆迁到岛屿上会比留在大陆上的同胞分化的速度快，形成新的种或亚种的速度也比较快。这是与物种的迁移能力相关的，对于某类生物来说是岛屿，而对另一类生物来说可能还是"大陆"，它还可以再回大陆与同胞交流。可以长距离飞翔的海鸥就没有分化的趋势，而那些只能在小范围内活动的甲虫就很容易分化了。

其次，离大陆遥远的岛屿上独特的物种可能较多。这是因为，扩散迁徙能力较差的物种，因为无法到达其他地方，变成该岛独有的物种。这也是澳大利亚拥有许多独特动植物的原因，比如袋鼠、考拉、桉树都是这里特有的物种。虽然地理上把澳大利亚称为大陆，但它也可以看作与其他大陆相隔遥远的岛屿，其上的物种由于没办法到达其他大陆而成为了澳洲独有的物种。

## 看"岛屿"知保护

说了这么多理论，那么它们有什么实际意义吗？当然有了，其实，岛屿的定义可以扩大，只要是与周围环境隔离的都可以视作岛屿。比如湖泊被陆地包围，是陆"海"中的岛屿，山的顶部是低海拔山地中的岛屿，沙漠中的绿地也是沙"海"中的岛屿，某类植被中的另一类植被，都可以适用于以上理论。所以其对保护生物群落或生物物种有重要意义。

在确定保护区面积大小的问题上，岛屿生物学也具有重要参考价值。任何一个保护区都可以看作一个岛屿，由于受到人们的保护而与周围隔离开。平衡说告诉我们大的岛比小的岛能维持更多生物物种，即便是为保护某一种珍稀动物，也需要高的生物多样性来保证其生存，所以保护区面积应该尽可能增大。但当保护区面积增大到一定程度时，根据上面提到的那个公式的图像，也就是种数——面积曲线可知，其所含物种数不会再大幅增加，所以这个时候就应该考虑另外再建一个保护区以达到有效保护其他物种的目的。

总之，不管是岛屿还是大陆，自然的平衡法则是值得人类永远学习和思考的问题。

**一只动物游到一个小岛上可以建立一个种群吗？**

如果这个动物进行无性繁殖或者已经怀孕的话，理论上是可以建立一个种群的，只不过这个种群如果后来没有新的个体从其他地方迁入的话，有可能会由于近亲繁殖而衰落。

图书在版编目（CIP）数据

在家孵鸟蛋指南：生态卷 / 陈婷著. — 济南：明天出版社，2015.5
（大嚼科学）
ISBN 978-7-5332-8553-1

Ⅰ.①在… Ⅱ.①陈… Ⅲ.①生态学—少儿读物 Ⅳ.①Q14-49

中国版本图书馆CIP数据核字（2015）第079058号

**大嚼科学 生态卷（在家孵鸟蛋指南）**

著者/陈　婷
出 版 人/傅大伟
出版发行/山东出版传媒股份有限公司
　　　　　明天出版社
地　　址/山东省济南市胜利大街39号
http：//www.sdpress.com.cn　http：//www.tomorrowpub.com
经销/新华书店　　印刷/山东鸿君杰文化发展有限公司
版次/2015年5月第1版　　印次/2015年5月第1次印刷
规格/150毫米×210毫米　32开　7.25印张　124千字
印数/1—15000
ISBN 978-7-5332-8553-1　　定价/20.00 元

**如有印装质量问题，请与出版社联系调换。　电话：（0531）82098710**